TEORIA DOS JOGOS: CONCEITOS E APLICAÇÕES

TEORIA DOS JOGOS: CONCEITOS E APLICAÇÕES

Guilherme Augusto Pianezzer

inter
saberes

inter saberes

Rua Clara Vendramin, 58 – Mossunguê
CEP 81200-170 – Curitiba – PR – Brasil
Fone: (41) 2106-4170
www.intersaberes.com
editora@intersaberes.com

Conselho editorial
Dr. Alexandre Coutinho Pagliarini
Drª Elena Godoy
Dr. Neri dos Santos
Mª Maria Lúcia Prado Sabatella

Editora-chefe
Lindsay Azambuja

Gerente editorial
Ariadne Nunes Wenger

Assistente editorial
Daniela Viroli Pereira Pinto

Preparação de originais
Landmark Revisão de Textos

Edição de texto
Caroline Rabelo Gomes
Palavra do Editor

Capa
Iná Trigo

Projeto gráfico
Sílvio Gabriel Spannenberg

Adaptação do projeto gráfico
Kátia Priscila Irokawa

Diagramação
Muse Design

Designer **responsável**
Iná Trigo

Iconografia
Regina Claudia Cruz Prestes
Sandra Lopis da Silveira

Dados Internacionais de Catalogação na Publicação (CIP)
(Câmara Brasileira do Livro, SP, Brasil)

Pianezzer, Guilherme Augusto
 Teoria dos jogos : conceitos e aplicações / Guilherme
Augusto Pianezzer. -- 1. ed. -- Curitiba, PR : Editora
Intersaberes, 2023.

 Bibliografia.
 ISBN 978-85-227-0506-1

 1. Teoria dos jogos I. Título.

23-148338   CDD-519.3

Índices para catálogo sistemático:
1. Teoria dos Jogos : Matemática   519.3

Eliane de Freitas Leite – Bibliotecária – CRB 8/8415

Sumário

Este livro é dedicado à minha amada Erika, que, atuando nas áreas de gestão da qualidade, controle de processo, compliance *e normas regulamentadoras, participa de incontáveis desafios e aprenderá como a teoria dos jogos pode ajudá-la a tomar as melhores decisões para as empresas em que atua.*

AGRADECIMENTO

Agradeço à coordenadora do Curso de Bacharelado em Matemática do Centro Universitário Internacional Uninter, Prof.ª Flávia Sucheck, e ao antigo coordenador, Prof. Paulo Martineli, que orientam minha carreira e indicam os caminhos para a construção de estimados projetos que tanto crescimento me trazem na minha formação como professor e eterno estudante de Matemática.

Agradeço ao Prof. Palminor de Paula Bueno Sobrinho e ao Prof. Elzério da Silva Júnior, que acompanharam o desenvolvimento deste texto e realizaram a revisão prévia.

Agradeço à equipe da InterSaberes por realizar o processo de revisão na busca por garantir a elaboração de um material profissional.

Agradeço a todos os matemáticos, estatísticos, administradores, engenheiros e filósofos que fizeram a teoria dos jogos chegar ao patamar em que se encontra hoje, muito bem estruturada, sendo capaz de explicar uma boa parte dos fenômenos econômicos que ocorrem no cotidiano.

Agradeço à minha família – meus pais, meu irmão, meus avós, minha esposa e meu enteado – por acompanhar o processo de perto e torcer por mim.

Agradeço a você, querido(a) leitor(a), que escolheu estudar a teoria dos jogos por meio do material que elaborei.

PREFÁCIO

Caro(a) leitor(a),

Você tem em mãos um excelente livro sobre a teoria dos jogos, começando com uma introdução histórica sobre o assunto. Matemáticos do nível de Pascal e Bernoulli já tratavam da temática. Eu mesmo, quando escrevo algum material, gosto dessa abordagem inicial. Essa contextualização histórica fornece uma espécie de medição da complexidade do assunto. Na matemática, daria até para atribuir pesos aos interlocutores, ao tempo e às publicações. Se você me permitir, gostaria de colocar outra pitada histórica, não no sentido que acabei de citar, mas como curiosidade e pelo fato de ser pitoresca.

O professor Guilherme Augusto Pianezzer, amigo meu desde 2019, é meu conhecido desde o ano de 2001, quando foi meu aluno de Matemática na 6ª série do ensino fundamental. Desde os primeiros dias, percebi que não teria vida fácil com o Guilherme – aluno evidentemente brilhante, mas relaxado para as tarefas de que não gostava. A escola em que estávamos dividia as médias em três categorias: cognitiva, comportamental e organizacional, sendo que a cognitiva era avaliada com provas, a comportamental, por atitudes entendidas como positivas pelos professores (hoje a entendo como arbitrária) e a organizacional, pelas tarefas diárias em sala e em casa.

O Guilherme foi um dos mais brilhantes alunos que já tive, se não o mais. Era uma esponja de conteúdo. Aprendia tudo na primeira explanação, enquanto alguns colegas, como sempre, precisavam de outra ou de mais explicações. Então, sua avaliação cognitiva era nota máxima sempre. Mas a segunda qualidade que citei anteriormente era saliente, e a mensuração da dimensão organizacional era sempre mínima. Na categoria comportamental, como era subjetiva, eu aumentava a nota um pouco para que ficasse na média – pense na injustiça: um aluno brilhante precisando da boa vontade do professor para ficar na média. No fim do ano é que a história ficava interessante. Numa das situações comportamentais, Guilherme estava brincando com um *minigame*. Quando percebi sua atitude, em vez de não me importar, pois sabia que ele não precisava mais prestar atenção à aula, chamei sua atenção uma ou duas vezes. Ele guardou o joguinho e ficou quieto. Porém, alguns minutos depois, seu colega estava brincando com o jogo. Tomei a atitude que julgava correta e educativa naquele momento: guardar o jogo e entregá-lo à coordenação. Quis o destino que a coordenadora perdesse o jogo do Guilherme. Aí começou sua antipatia por mim (e com razão), pois ele achava que eu havia roubado seu brinquedo. Felizmente, o ano acabou logo e não houve maiores consequências. Um ano depois, fui para a 8ª série e novamente o Guilherme era meu aluno, agora mais tranquilo e ajuizado, pensava eu. Só que não! Ele guardou a ideia do roubo. No fim do ano, como sempre, ele tinha nota máxima na dimensão cognitiva e zero nas outras. Dessa vez, não tive dúvida: deixei-o para recuperação! Se soubesse o que aconteceria, teria ouvido meus colegas (todos falavam para deixá-lo ir em paz). Aliás, um conselho aos leitores professores ou futuros professores: não discuta com aluno! Pelo contrário: procure ser seu amigo. Encontre algo em comum, procure cativar sua simpatia. Fica muito mais fácil e prazeroso dar aulas para quem o olha com bons olhos.

Voltando ao Guilherme, ele ficou muito bravo por ter ficado em recuperação somente em Matemática. Logicamente, como um adolescente de 14 anos, ele me enfrentou várias vezes. Numa dessas, expulsei-o de sala. Ele saiu jurando que eu me arrependeria, chutando e batendo a porta. Do lado de fora, ouviam-se os gritos e os xingamentos. Consegui deixar o Guilherme agressivo, e ele, pelo ocorrido, não mais apareceu.

Anos se passaram e nos encontramos no Departamento de Engenharia da Universidade Federal do Paraná (UFPR). Eu, fazendo mestrado, e o Guilherme, o curso de licenciatura e bacharelado em Matemática. Eu estava em frente ao elevador esperando meu orientador e o Guilherme estava subindo para o último andar. Quando a porta abriu e o vi, pensei: "Vai dar m...!". Ele ficou me olhando enquanto a porta fechava. Nada aconteceu. Dois minutos depois, ele apareceu pela escada, veio em minha direção e me disse, com os olhos lacrimejantes: "Há muitos anos eu queria te encontrar e te pedir desculpas". Todos os nossos fantasmas foram embora com essa atitude. Passados mais alguns anos, tive o prazer de saber que meu novo colega do Departamento de Matemática do Centro Universitário Internacional Uninter seria o doutor Guilherme Augusto Pianezzer e, agora, três anos depois, faço o prefácio de sua obra-prima: *Teoria dos jogos*.

Entre tantos assuntos, afirmo que você lerá um breve histórico, mas bastante consistente, da teoria dos jogos, que menciona a importância dos trabalhos de John Nash e de John von Neumann para o assunto.

A fim de melhor contextualizar o quanto era discutida a teoria pelos matemáticos, Guilherme cita correspondências entre Nicolas Bernoulli e James Waldegrave, no século XVIII. Outra dupla que matinha correspondências sobre a teoria dos jogos foi Pascal e Fermat, dois dos maiores matemáticos de todos os tempos. Em suas cartas, eles chegaram ao mesmo resultado, mas de modos diferentes: como dividir um prêmio de um jogo inacabado. Os exemplos que Guilherme utiliza para mostrar que as estruturas de jogos comuns, políticos ou empresariais são as mesmas, vistas pela teoria dos jogos, são muito didáticos. Outro ponto importante é a definição e a contextualização da racionalidade para explicar que Bill Gates não é um agente racional ao doar 250 milhões de dólares para o combate da Covid-19.

Ressalto que, no final do Capítulo 1, há a retomada dos conceitos de cálculo diferencial. Aqui, aviso aos leitores que, apesar de o texto estar escrito de forma muito esclarecedora e didática, a leitura não será muito fácil para não matemáticos ou para aqueles que nunca estudaram o assunto. Recomendo fortemente uma leitura complementar para melhor aproveitar a obra. De modo muito claro, o autor coloca o significado das derivadas de primeira e segunda para a interpretação dos pontos críticos. Também recomendo que você resolva as questões de revisão e envie suas respostas, se possível, ao próprio professor Guilherme.

Ao longo do livro, aprenderemos juntos como a teoria dos jogos fornece ferramentas suficientes que ajudam a resolver problemas pessoais e empresariais e entenderemos a importância de uma descrição adequada de situações para conseguir tomar as melhores decisões possíveis. Eu e o autor esperamos que você fique cativado para continuar seus estudos nessa área ou em tópicos de economia.

Boa leitura!

Prof. Elzério da Silva Júnior, licenciado (1996) e mestre (2021) em Matemática pela Universidade Federal do Paraná (UFPR)

Apresentação

Ao abrir um livro sobre teoria dos jogos, você nem sempre imagina do que ele vai tratar. Afinal, existem tantas interpretações para o que é um jogo que ficamos em dúvida sobre o objeto em questão. Aqui, queremos discutir o conceito de *jogo* que se refere a situações de interação estratégica, até mesmo as mais genéricas. Ao tratarmos de interações estratégicas, vamos investigar as implicações de nossas ações. Afinal, se conhecemos as consequências de nossas ações e, principalmente, dos efeitos que nossas ações causam em conjunto com as dos demais participantes, podemos determinar as melhores decisões a serem tomadas, dadas essas condições.

Nesse sentido, veremos, ao longo do livro, que a teoria dos jogos nasceu como uma teoria de matemáticos para matemáticos, cuja história se confunde com a origem dos principais conceitos em teoria da probabilidade. Contudo, perceberemos que a teoria dos jogos chegou a um nível de maturidade e de aplicações que não se resume ao campo da matemática, abrangendo problemas empresariais e até conluios políticos. Apesar de, num primeiro momento, parecer que não estamos falando de jogos, principalmente para aqueles que os imaginam como uma atividade lúdica, você verá que será capaz de ampliar sua capacidade de entendimento desse objeto e modelar situações antes inimagináveis.

Ao término do estudo, você terá ferramentas suficientes que o ajudarão a resolver problemas pessoais e empresariais e entenderá a importância de uma descrição adequada de situações para conseguir tomar as melhores decisões possíveis. Além disso, aumentará seu interesse em continuar os estudos nessa área e em áreas paralelas, como os diversos tópicos de economia que abordaremos ao longo do livro. Neste ponto, vale ressaltar que nosso entendimento dessa área se alinha ao proposto por Mochón (2007, p. 5), segundo o qual "a economia estuda como as sociedades administram recursos escassos para produzir bens e serviços e distribuí-los entre diferentes indivíduos".

Cabe observar ainda que, se você tiver alguma dificuldade com termos específicos que forem surgindo ao longo do material, pode consultar, ao final do livro, um glossário que apresenta a definição da maior parte desses casos.

Boa leitura!

Como aproveitar ao máximo este livro

Empregamos nesta obra recursos que visam enriquecer seu aprendizado, facilitar a compreensão dos conteúdos e tornar a leitura mais dinâmica. Conheça a seguir cada uma dessas ferramentas e saiba como estão distribuídas no decorrer deste livro para bem aproveitá-las.

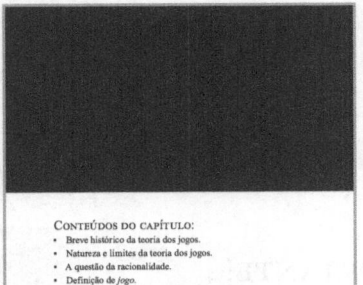

Conteúdos do capítulo:
- Breve histórico da teoria dos jogos.
- Natureza e limites da teoria dos jogos.
- A questão da racionalidade.
- Definição de *jogo*.
- Conceitos de cálculo diferencial.

Após o estudo deste capítulo, você será capaz de:
1. compreender como a história da teoria dos jogos está em constante transformação e como representa uma interface entre os conhecimentos da matemática e a modelagem de problemas aplicados, especialmente na área empresarial;
2. entender qual é a origem da teoria dos jogos e quais fenômenos podem ser modelados com essa ferramenta;
3. identificar as limitações da racionalidade humana e a forma como esse conceito é explorado na teoria dos jogos;
4. definir e contextualizar o jogo no âmbito da teoria dos jogos;

Conteúdos do capítulo:
Logo na abertura do capítulo, relacionamos os conteúdos que nele serão abordados.

Após o estudo deste capítulo, você será capaz de:
Antes de iniciarmos nossa abordagem, listamos as habilidades trabalhadas no capítulo e os conhecimentos que você assimilará no decorrer do texto.

Observe que esses elementos em comum fazem do jogo "qualquer situação regida por regras que possua um resultado bem definido o qual é caracterizado por uma interdependência estratégica" (Santos, 2016, p. 15, grifo do original).

Note também, como aponta Fiani (2015, p. 2), que estamos resolvendo situações de interação estratégica, isto é, "uma situação [...] em que participantes, sejam indivíduos ou organizações, reconhecem a interdependência mútua de suas decisões".

EXEMPLIFICANDO

Você deve perceber que todos os exemplos citados são jogos, de acordo com essa definição. Porém, como discutido previamente, apontado inclusive pelo Prêmio Nobel de John Nash, muitos dos trabalhos da teoria dos jogos recaíram em problemas empresariais ou econômicos. Afinal, vamos considerar dois cenários distintos:

I) Imagine as negociações que ocorrem na política nacional quando os deputados, por exemplo, precisam votar um projeto de lei. As ações que cada um pode realizar são regidas por regras claras: existem possibilidades de escolhas que cada um pode executar. Observando as regras do jogo, nesse caso, o **jogo político**, os deputados adotam uma estratégia que vai levá-los à vitória: aprovar ou não a lei, conforme seus interesses. O jogo terá um resultado em seu término – a aprovação ou não do projeto de lei –, mas esse resultado não depende das escolhas de um apenas deputado interessado, e sim de todos os outros envolvidos no jogo.

É evidente que um estudo sistemático da teoria dos jogos nos ajudará nesse tipo de critério.

IMPORTANTE!

Nos exemplos que citamos, estamos tratando de casos de **interação estratégica**. Agora é sua vez: Você consegue citar e exemplificar as interações estratégicas que surgem nas empresas que você conhece?

Podemos reconhecer alguns elementos presentes na teoria dos jogos que nos permitem analisar como os jogadores tomam certas decisões. Nesse caso, os elementos-chave são: modelo formal, estratégias, jogadores e racionalidade. Vejamos a característica de cada um deles:

1. **Modelo formal** – Descreve como o jogo funciona, isto é, define suas regras, seus jogadores, seus objetivos, o modo como os demais jogadores interagem entre si, além de todos os outros fatores que explicam o funcionamento do jogo.
2. **Estratégias** – Num jogo, o resultado de um jogador não é obtido, simplesmente, pelas próprias ações – as ações dos outros jogadores, além das suas, interferem no resultado final. Dessa forma, qualquer uma das opções que um dos jogadores pode assumir corresponde à sua estratégia. Muitos confundem um simples movimento do jogador, isto é, uma ação realizada por ele em algum ponto específico durante o jogo, com a estratégia. Entretanto, ela é entendida

---

EXEMPLIFICANDO

Disponibilizamos, nesta seção, exemplos para ilustrar conceitos e operações descritos ao longo do capítulo a fim de demonstrar como as noções de análise podem ser aplicadas.

IMPORTANTE!

Algumas das informações centrais para a compreensão da obra aparecem nesta seção. Aproveite para refletir sobre os conteúdos apresentados.

Para saber mais

Sugerimos a leitura de diferentes conteúdos digitais e impressos para que você aprofunde sua aprendizagem e siga buscando conhecimento.

Para saber mais

SILVA JR., A. B.; LAGES, A. M. G.; SILVA, V. F. A. Razão e emoção: o comportamento humano na tomada de decisão em um ambiente econômico incerto. **Nexos Econômicos**, Salvador, v. 13, n. 1, p. 8-29, jan./jun. 2019. Disponível em: < https://periodicos.ufba.br/index.php/revnexeco/article/view/33708/21120 >. Acesso em: 10 jan. 2023.

A emoção, como vimos na situação envolvendo empresas familiares, também pode ser um fator que define o comportamento humano quando alguém resolve tomar uma decisão. Esse fato é um agravante, especialmente, quando identificamos ambientes econômicos incertos. Entretanto, foge do escopo deste livro explicar em detalhes essa temática. Se você tiver interesse em compreender o andamento desse debate, pode realizar a leitura do artigo do professor Alonso Barros da Silva Jr. e sua equipe que foi publicado na revista *Nexos Econômicos*.

SEN, A. Comportamentos econômicos e sentimentos morais. **Lua Nova**, São Paulo, n. 25, abr. 1992. Disponível em: < https://www.scielo.br/j/ln/a/S3kN9K8 c5HWc3fSjGgWvSKQ/?format=pdf&lang=pt >. Acesso em: 10 jan. 2023.

No segundo caso, do magnata Bill Gates, parece-nos que existem sentimentos morais que fazem alguns agentes racionais decidirem prejudicar a si mesmos para auxiliar outros jogadores, o que, aparentemente, não traz nenhum benefício do ponto de vista da racionalidade. Os economistas comportamentais, como Kahneman, Tversky, Thaler, Ariely e

---

Questões para reflexão

Ao propormos estas questões, pretendemos estimular sua reflexão crítica sobre temas que ampliam a discussão dos conteúdos tratados no capítulo, contemplando ideias e experiências que podem ser compartilhadas com seus pares.

Assim, chegamos à quantidade de bombardeios restantes realizando a contagem. Se as tropas japonesas decidissem ir pela rota sul, os aliados iniciariam a busca também pela rota sul, podendo utilizar os três dias da viagem bombardeando os japoneses. Entretanto, se os aliados decidissem iniciar a busca pela rota errada, nesse caso, a rota norte, perderiam um dia fazendo uma busca equivocada e iniciariam os bombardeios no dia seguinte, totalizando dois dias de ataques.

Agora, se os japoneses decidissem ir pela rota norte, teríamos dois casos possíveis. No primeiro, os aliados poderiam iniciar as buscas pela rota sul. Desse modo, como iniciaram a busca pela rota errada, perderiam um dia de reconhecimento e, em razão do mau tempo, perderiam outro dia para realizar o bombardeio, restando apenas um dia de ataque. No segundo, iniciando a busca pela rota certa, ainda assim os aliados não poderiam iniciar o ataque imediatamente, por causa do mau tempo. Então, sobrariam dois dias de bombardeio.

Questão para reflexão

Você aprendeu que a Batalha do Mar de Bismarck foi um caso real cuja melhor solução se beneficia de um estudo das técnicas trabalhadas na teoria dos jogos. Cite e discuta com seus colegas outros casos reais que configuram disputas que podem ser modeladas com a teoria dos jogos.

indicar o dia dos pagamentos ou do acerto das contas. Também é usada no meio empresarial para nomear o acerto financeiro de certa operação. Claro que poderíamos empregar o próprio termo *resultado* (ou a expressão *valores de resultados*) para esse conceito, mas boa parte da literatura especializada em teoria dos jogos, mesmo textos em português, importou e usa com frequência os termos estrangeiros.

O objetivo dos jogadores ao longo de um jogo é escolher a estratégia ótima, isto é, aquela que vai maximizar os *pay-offs* esperados do jogador. Por isso, nosso objetivo na análise de cada um dos jogos é identificar qual seria a estratégia ótima para cada jogador.

O QUE É

O jogo, nesse contexto, é compreendido como uma situação em que os jogadores tomarão decisões estratégicas para atingir a estratégia ótima.

Então, em termos mais precisos, podemos entender que as decisões analisadas pela teoria dos jogos são aquelas em que:

1. os jogadores usam sua racionalidade;
2. os jogadores conhecem as regras do jogo;
3. os jogadores conseguem avaliar seus *pay-offs* em qualquer momento do jogo;
4. o jogo pode ser formalizado.

Perceba que, não sendo racional, a teoria dos jogos não vai explicar de forma satisfatória o resultado de cada tomada

O QUE É

Nesta seção, destacamos definições e conceitos elementares para a compreensão dos tópicos do capítulo.

---

uma modelagem similar, mas com o uso de funções de várias variáveis. Embora estejamos utilizando a versão generalizada do teste da derivada primeira e da derivada segunda para derivadas parciais, você conseguirá compreender as operações que foram feitas com uma leitura cuidadosa.

Exercícios resolvidos

1) Considere uma empresa produtora de morango cujo preço da caixa é dado por p, enquanto x indica a quantidade de milhares de caixas vendidas a cada dia.

Suponha também que conhecemos a equação de oferta, dada por:

$$px - 20p - 3x + 105 = 0$$

Vamos investigar o que está ocorrendo com o preço da caixa de morango considerando que a quantidade de caixas ofertadas está no nível de 5 000 unidades, mas a oferta tem diminuído 250 caixas por dia.

Nesse problema, conhecemos algumas informações:

$$x = 5$$
$$\frac{dx}{dt} = -\frac{1}{4}$$

Perceba que esses dados foram coletados do problema tomando -se o cuidado de verificar as unidades de medida. A quantidade de caixas vendidas, x, é medida em milhares de caixa, ao passo que a velocidade com que a quantidade

EXERCÍCIOS RESOLVIDOS

Nesta seção, você acompanhará passo a passo a resolução de alguns problemas complexos que envolvem os assuntos trabalhados no capítulo.

SÍNTESE

Ao final de cada capítulo, relacionamos as principais informações nele abordadas a fim de que você avalie as conclusões a que chegou, confirmando-as ou redefinindo-as.

SÍNTESE

Neste capítulo, analisamos os jogos estritamente competitivos, os jogos de estratégia mista, o jogo da determinação simultânea de quantidades, o jogo da determinação simultânea de preços e o jogo da localização.

Na seção "**Jogos estritamente competitivos**", verificamos que:

- esses jogos também podem ser encontrados na literatura como *jogos de soma zero*;
- a característica principal dos jogos estritamente competitivos é esta: o que um dos jogadores quer é exatamente o que o outro não quer, e vice-versa;
- os modelos matemáticos para a solução desses jogos são o minimax e o maximin;
- um caso ilustrativo desses jogos é um conhecido exemplo político chamado de *jogo do apadrinhamento*.

Na seção "**Estratégias mistas**", vimos que:

- essas são as estratégias que ocorrem, quando, em vez de escolher uma dada estratégia para jogá-la com certeza, um jogador decide agir alternando suas estratégias aleatoriamente, atribuindo, então, uma probabilidade a cada escolha;
- os exemplos de que tratamos nos outros capítulos são casos de estratégias puras;
- no futebol, a disputa entre Pelé e Andrada e entre Santos e Vasco da Gama representa um caso de estratégia mista;

QUESTÕES PARA REVISÃO

Com estas atividades, você tem a possibilidade de rever os principais conceitos analisados. Ao final do livro, o autor disponibiliza as respostas às questões, a fim de que você possa verificar como está sua aprendizagem.

QUESTÕES PARA REVISÃO

1) Ao longo deste capítulo, nas questões para reflexão, solicitamos que você citasse exemplos de jogos simultâneos. Utilize a matriz de *pay-offs* para escrever a modelagem de um desses jogos.

2) Também pedimos que você citasse exemplos de jogos sequenciais. Utilize a árvore de decisões para escrever a modelagem de um desses jogos.

3) Você, como gerente de uma empresa de automóveis, decide conquistar mais espaço no mercado e, para isso, precisa tomar uma destas duas decisões: (1) modernizar seus automóveis, concedendo mais conforto aos consumidores, ou (2) reduzir suas tarifas para ampliar a demanda por seus automóveis. Considerando essa situação, analise as afirmativas e marque com V as verdadeiras e com F as falsas.

( ) Os jogadores desse jogo são sua empresa e seus concorrentes.

( ) O objetivo desse jogo é eliminar seu concorrente.

( ) As estratégias possíveis são modernizar automóveis ou reduzir tarifas.

( ) Os *pay-offs* desse jogo representam a quantidade de carros adquiridos ou modernizados.

Assinale a alternativa que apresenta a sequência correta:

a. V, F, V, F.
b. V, V, V, F.
c. F, F, V, V.

BIBLIOGRAFIA COMENTADA

Nesta seção, comentamos algumas obras de referência para o estudo dos temas examinados ao longo do livro.

BIBLIOGRAFIA COMENTADA

FIANI, R. **Teoria dos jogos:** com aplicações em economia, administração e ciências sociais. Rio de Janeiro: Campus, 2015.

Ronaldo Fiani escreveu um dos principais livros sobre a teoria dos jogos, apontando aplicações claras na área da economia, da administração e das ciências sociais. Como você deve ter percebido, utilizamos várias citações do autor, visto que ele apresenta exemplos interessantes. Como o livro é um pouco mais avançado, especialmente no caráter matemático, torna-se uma leitura importante para você realizar agora que concluiu nosso estudo.

HEIN, N.; OLIVEIRA, R. C.; LUNARDELLI, P. A. Sobre o uso da teoria dos jogos na tomada de decisões estratégicas. In: ENCONTRO NACIONAL DE ENGENHARIA DE PRODUÇÃO, 23., 2003, Ouro Preto. **Anais**... Ouro Preto: Enegep, 2003.

Nelson Hein é um clássico matemático que atua na Universidade Regional de Blumenau (Furb). Embora ele tenha apresentado esse artigo em um congresso de engenharia de produção, é essencial que você conheça trabalhos específicos desse autor na área da teoria dos jogos e perceba a aplicação que ela tem em pesquisas atuais.

Conteúdos do capítulo:

- Breve histórico da teoria dos jogos.
- Natureza e limites da teoria dos jogos.
- A questão da racionalidade.
- Definição de *jogo*.
- Conceitos de cálculo diferencial.

Após o estudo deste capítulo, você será capaz de:

1. compreender como a história da teoria dos jogos está em constante transformação e como representa uma interface entre os conhecimentos da matemática e a modelagem de problemas aplicados, especialmente na área empresarial;
2. entender qual é a origem da teoria dos jogos e quais fenômenos podem ser modelados com essa ferramenta;
3. identificar as limitações da racionalidade humana e a forma como esse conceito é explorado na teoria dos jogos;

1

Introdução à teoria dos jogos

4. definir e contextualizar o jogo no âmbito da teoria dos jogos;
5. retomar conceitos de cálculo diferencial, especialmente os métodos para encontrar a otimização, que permitirá a solução de jogos complexos.

Nosso objetivo ao longo deste livro é esclarecer do que trata a teoria dos jogos e como esta nos ajuda a modelar condições que surgem no entendimento de sistemas complicados. Embora a teoria que vamos discutir envolva um tratamento matemático amplo, além de ter sido advinda dessa área, você perceberá que suas aplicações mais modernas ocorrem em situações econômicas nas quais se busca maximizar o ganho (*pay-off*).

1.1 Breve histórico da teoria dos jogos

Um dos filmes mais prestigiados envolvendo a história de matemáticos é, sem dúvida, *Uma mente brilhante* (2001). O matemático representado na produção, John Nash (1928-2015), contribuiu significativamente para a teoria dos jogos, tanto que recebeu, em 1994, o Prêmio Nobel de Ciências Econômicas. O famoso prêmio, criado em memória de Alfred Nobel, reconhece e celebra trabalhos excepcionais nas áreas de medicina, física, química, literatura, paz e economia. O trabalho de Nash, aclamado com essa condecoração, aprimorou a análise de situações de "ganho-perda", que serão discutidas ao longo deste livro, e consolidou a área da teoria dos jogos com suas amplas aplicações em problemas econômicos.

Discutindo problemas como o dilema dos prisioneiros e buscando o conhecido equilíbrio de Nash, temas centrais examinados neste livro, o matemático investigou situações em que nenhum dos jogadores pudesse ganhar vantagem por meio de uma mudança unilateral de estratégia.

Nash foi reconhecido também por aprimorar os trabalhos de John von Neumann (1903-1957), que escreveu um livro famoso em 1944, junto com Oskar Morgenstern (1902-1977), intitulado *The Theory of Games and Economic Behaviour* (*A teoria dos jogos e o comportamento econômico*, em tradução própria). Antes da publicação desse material e dos estudos da dupla, a teoria dos jogos era estritamente matemática, com aspectos sólidos de topologia e análise funcional, de forma que acabou sendo reservada a um público muito seleto.

John von Neumann é um matemático famoso, especialmente por seus trabalhos relacionados às áreas da lógica e da computação, entre 1946 e 1953. Nesse período, o matemático foi professor na Universidade de Princeton, desenvolvendo estudos não somente nessas áreas, mas também em outras, como a recente teoria dos conjuntos, a área de cálculo envolvendo análise funcional, a mecânica quântica, a programação como análise numérica, o tratamento de dados em estatística e, para nosso interesse, a teoria dos jogos.

Claro que, assim como Neumann, os matemáticos mais antigos estudavam as mais diversas áreas. Tanto que os primeiros registros envolvendo a teoria dos jogos surgiram preliminarmente no século XVIII, confundindo a história da área com a história da teoria das probabilidades. Afinal, Nicolaus Bernoulli (1687-1759) e James Waldegrave (1684-1741) já trocavam cartas tentando resolver problemas dessa área. A discussão deles tratava de um equilíbrio que aparece em jogos de estratégias mistas, o qual será tema do Capítulo 4. Além desses pesquisadores, no início do século XIX, Augustin Cournot (1801-1977), também matemático, trouxe à tona a questão do duopólio, ao passo que, em 1913, Ernst Zermelo (1871-1953) publicou um teorema investigando características de um jogo bem conhecido: o xadrez. Isso mostra o uso da teoria dos jogos em diversos campos, como o caso dos estudos de micro e de macroeconomia.

A história da teoria dos jogos é vasta. Caso você tenha interesse em se aprofundar nesse assunto, saiba que essa trajetória se confunde um pouco com a história da matemática moderna, de forma que o livro *História da matemática*, de Carl B. Boyer (1996), é uma boa indicação para completar esse estudo. Além disso, como apêndice desta obra, apresentamos a biografia resumida de alguns dos principais colaboradores da área da teoria dos jogos.

1.2 Natureza e limites da teoria dos jogos

Figura 1.1 – Como distribuir um prêmio de 64 moedas?

A história da teoria dos jogos é recheada de soluções para problemas interessantes e se mescla, também, com a teoria das probabilidades. Dois matemáticos famosos desta última área, Blaise Pascal e Pierre de Fermat, correspondiam-se por cartas, frequentemente, para resolver um problema. A questão envolvia dois jogadores que estavam em disputa por um prêmio, em moedas, que seria concedido àquele que conseguisse fazer três pontos no jogo. O vitorioso sairia com 64 moedas, enquanto o outro ficaria com as mãos vazias. Entretanto, em razão de certas adversidades, foi necessário interromper o jogo enquanto um dos jogadores contava com dois pontos e o outro, com apenas um ponto. Então, o problema aconteceu: Como dividir de forma justa essa quantia?

Os matemáticos chegaram à mesma solução, mas por raciocínios um pouco diferentes. Pascal imaginou a situação da seguinte forma:

Seja *A* o jogador com duas vitórias, então na próxima rodada se *A* ganhasse então ele levaria tudo, ou seja as 64 moedas, mas se perdesse ambos ficariam empatados e neste caso teriam direito a 32 moedas cada. O jogador *A* então pensaria: "Estou seguro de receber 32 moedas caso seja derrotado na próxima rodada, mas posso vir a ganhar e como as nossas chances são as mesmas (na segunda rodada pós interrupção de jogo), vamos dividir as 32 restantes." Portanto parando agora, levo 48 (= 32 + 16) moedas e você 16. (Santos, 2016, p. 5, grifo do original)

Fermat já considerou o problema de outra forma:

Sendo *a* a quantidade de partidas ganhas pelo jogador *A* e *b* as ganhas pelo jogador *B*. Então após mais duas partidas certamente o jogo estaria encerrado, pois um dos oponentes teria os três pontos necessários. Desta forma, teríamos as seguintes possíveis situações: bb, ba, ab, aa. Onde, destas, três são favoráveis ao jogador *A*. Deste forma ele deveria receber 3/4 do total de moedas, ou seja, 3/4 de 64 = 48. (Santos, 2016, p. 5, grifo do original)

Atualmente, acompanhar a forma de resolução desses matemáticos, embora a linguagem nos seja um pouco estranha, é mais fácil por causa da familiaridade que temos com a análise combinatória e a contagem de casos favoráveis.

Perceba a relação histórica existente entre os fundamentos da teoria das probabilidades e a teoria dos jogos. Como aponta Boyer (1996, p. 254),

O trabalho desenvolvido não recorreu às ideias de Cardano de um século antes, que permaneceram esquecidas até 1663. É só da troca de cartas sobre estes problemas e sobre outras questões com eles relacionadas, que vai nascer o ponto de partida, ou seja, alguns fundamentos, da moderna teoria da probabilidade. Fermat e Pascal são, então, considerados os fundadores da teoria matemática das probabilidades.

O que observamos, além desse aspecto, é que os estudiosos realmente estavam tratando de um **jogo**, no sentido que a maior parte das pessoas considera ao pensar nesse termo, no senso comum. Claro que, na linguagem do cotidiano, um jogo é entendido como um passatempo ou ainda uma diversão; contudo, utilizamos essa nomenclatura em outros cenários, como é o caso de *jogo da política internacional*, em que estamos tratando de situações políticas, *jogo da livre concorrência*, em que estamos lidando com situações de mercado, *jogo da vida*, em que estamos abordando situações pessoais, e até *jogo de interesses*, em que vivenciamos outros tipos de interação humana. Quando captamos o uso desse termo em tantos cenários possíveis, acabamos por concluir que ele não tem exatamente a ver com o lúdico ou com o entretenimento, mas com situações de **interação humana**. Como afirma Santos (2016, p. 14),

os jogos estão presentes desde há muito na existência da humanidade. Seja entretendo, seja servindo de ferramenta educacional, seja como paradigma de inteligência e racionalidade. Todavia, a sua natureza marcantemente lúdica tem a tendência de nos levar a desmerecer um estudo mais sério e detalhado dos mesmos. Entretanto, em nossa linguagem cotidiana estão presentes expressões do tipo "o jogo da política internacional", "o jogo da livre concorrência", "o jogo de interesses", "o jogo da vida", e muitas outras, para nos referirmos a situações que não possuem nada de lúdico ou de entretenimento, mostrando que implicitamente percebemos uma similaridade entre situações de interação humana e os jogos.

Mesmo pensando no sentido mais simples do termo *jogo* – aquele que nos remete ao xadrez, aos jogos de mesa, aos jogos de tabuleiro, ao combate, aos jogos de cartas, aos jogos desportivos como futebol e basquetebol –, ainda assim podemos utilizar esses diversos exemplos para buscar definir quais são as características em comum entre todos eles:

1. **Em todos os jogos existem regras** – Elas são responsáveis por apontar o que cada jogador pode realizar ou não, além de prever penalidades no caso do não cumprimento de certas atividades.

2. **Em todos os jogos existem estratégias** – Mesmo que algumas delas não sejam adequadas para atingir a vitória, a estratégia é a escolha que cada jogador faz ao tomar decisões ao longo dos jogos.

3. **Todos os jogos apresentam um resultado em seu término** – Nesse caso, podemos entender o resultado como vitória, derrota ou empate.

4. **Todos os jogos têm seu resultado determinado por outras ações além das decisões do jogador** – Dessa forma, todos os jogos dependem das ações e das escolhas de todos os jogadores envolvidos, de modo que surge o conceito de *interdependência estratégica*.

Observe que esses elementos em comum fazem do jogo **"qualquer situação regida por regras que possua um resultado bem definido o qual é caracterizado por uma interdependência estratégica"** (Santos, 2016, p. 15, grifo do original). Note também, como aponta Fiani (2015, p. 2), que estamos resolvendo situações de interação estratégica, isto é, "uma situação [...] em que participantes, sejam indivíduos ou organizações, reconhecem a interdependência mútua de suas decisões".

EXEMPLIFICANDO

Você deve perceber que todos os exemplos citados são jogos, de acordo com essa definição. Porém, como discutido previamente, apontado inclusive pelo Prêmio Nobel de John Nash, muitos dos trabalhos da teoria dos jogos recaíram em problemas empresariais ou econômicos. Afinal, vamos considerar dois cenários distintos:

1) Imagine as negociações que ocorrem na política nacional quando os deputados, por exemplo, precisam votar um projeto de lei. As ações que cada um pode realizar são regidas por regras claras: existem possibilidades de escolhas que cada um pode executar. Observando as regras do jogo, nesse caso, o **jogo político**, os deputados adotam uma estratégia que vai levá-los à vitória: aprovar ou não a lei, conforme seus interesses. O jogo terá um resultado em seu término – a aprovação ou não do projeto de lei –, mas esse resultado não depende das escolhas de apenas um deputado interessado, e sim de todos os outros envolvidos no jogo.

2) Agora, imagine o que ocorre com empresas de determinado ramo, como é o caso das companhias aéreas. Nesse contexto, as empresas estão competindo num mesmo setor, de forma que isso configura o **jogo empresarial**. Desse modo, existem normas técnicas, como aquelas regidas pela Agência Nacional de Aviação Civil (Anac), que regulamentam o que cada companhia pode ou não fazer. Esse jogo também terá um resultado ao chegar ao seu término: nesse caso, o resultado é monetário e pode ser o balanço financeiro de cada empresa num mesmo período. E, claro, esse resultado depende das estratégias de todos os adversários, que buscam atingir seu próprio objetivo.

Aqui, Santos (2016, p. 20) aponta os diversos benefícios que um estudante de teoria dos jogos pode obter:

- A teoria pode ajudá-lo a ser um melhor economista ou melhor diretor; pois a mesma atualmente é o paradigma central da economia e das finanças;
- Pode ajudar a melhorar sua capacidade para dirigir um negócio e para avaliar mudanças em política econômica;
- Pode ajudar a melhorar sua capacidade de tomar decisões estratégicas, tornando-o mais consciente das sutilezas estratégicas de seus competidores e oponentes. Não sendo presa fácil de argumentos estrategicamente pouco sólidos e ao contrário saberá quando e quais perguntas capciosas fazer diante de comentários absurdos, diante de uma perspectiva estratégica;

É evidente que um estudo sistemático da teoria dos jogos nos ajudará nesse tipo de critério.

IMPORTANTE!

Nos exemplos que citamos, estamos tratando de casos de **interação estratégica**. Agora é sua vez: Você consegue citar e exemplificar as interações estratégias que surgem nas empresas que você conhece?

Podemos reconhecer alguns elementos presentes na teoria dos jogos que nos permitem analisar como os jogadores tomam certas decisões. Nesse caso, os elementos-chave são: modelo formal, estratégias, jogadores e racionalidade. Vejamos a característica de cada um deles:

1. **Modelo formal** – Descreve como o jogo funciona, isto é, define suas regras, seus jogadores, seus objetivos, o modo como os demais jogadores interagem entre si, além de todos os outros fatores que explicam o funcionamento do jogo.

2. **Estratégias** – Num jogo, o resultado de um jogador não é obtido, simplesmente, pelas próprias ações – as ações dos outros jogadores, além das suas, interferem no resultado final. Dessa forma, qualquer uma das opções que um dos jogadores pode assumir corresponde à sua estratégia. Muitos confundem um simples movimento do jogador, isto é, uma ação realizada por ele em algum ponto específico durante o jogo, com a estratégia. Entretanto, ela é entendida

como um algoritmo completo para jogar o jogo e que explica todas as opções que o jogador terá para cada situação possível durante a partida.

3. **Jogadores** – Aqueles que assumem determinadas estratégias e fazem suas escolhas (entendidas como ações ou jogadas) são os jogadores. Como discutimos previamente, o jogo não tem a ver exatamente com o lúdico e a brincadeira. Por isso, os jogadores podem ser entendidos como agentes econômicos, como no caso de empresários, consumidores, governos e empresas.

4. **Racionalidade** – Todos os jogadores têm um objetivo e, na teoria dos jogos, supomos que cada um busca atingi-lo por meio de suas estratégias. Por isso, acreditamos que eles agem com racionalidade, isto é, estabelecem a melhor estratégia possível para atingir seu objetivo. Como essa é uma das características mais complexas, vamos abordá-la em detalhes na próxima seção.

Como já citamos, uma das maiores aplicações da teoria dos jogos é na área empresarial. Por isso, você já pode começar a reconhecer cada um desses fatores em situações que podem ser representadas dessa forma. Veja o caso de uma empresa interessada em tomar uma decisão sobre lançar ou não um produto inovador no mercado, sendo que já existe um produto tradicionalmente muito aceito. Ou considere o caso de uma indústria que precisa decidir se coopera ou não com outras em investimentos para pesquisa. Também serve de exemplo o caso de uma empresa que deve decidir se eleva ou reduz o preço de seu produto mesmo sabendo que o mercado em que atua tem poucos concorrentes. Em cada uma dessas situações, podemos identificar qual é o modelo formal, qual é a estratégia, quais são os jogadores e se cada um deles age com racionalidade. Faremos isso quando tratarmos dos jogos empresariais, mais adiante.

1.3 A questão da racionalidade

Você já assistiu a um filme intitulado *Os animais também são seres humanos* (1974)? Trata-se de um documentário sul-africano que retrata a vida selvagem no sul do país. O filme provoca: ele nos faz questionar as diferenças entre os seres humanos e os animais.

Figura 1.2 – O que nos difere dos animais?

Kletr/Shutterstock

Para alguns estudiosos, o que nos difere, seres humanos, do restante dos animais é o fato de que somos seres racionais. A racionalidade é um dos conceitos centrais das teorias econômicas modernas. Mas o que ela significa? Como aponta Santos (2016, p. 14),

> O ser humano ao classificar os animais, os denominou de irracionais, e a si próprio de racional. Onde tal racionalidade consiste em tomar decisões e fazer escolhas com suporte não apenas no instinto – como os demais animais, mas baseada no acúmulo de informações, na experiência e dentro de alguma lógica.

Vamos imaginar outro cenário. Suponha que você precisa decidir entre ganhar um real ou perder um real, ou ainda, entre ganhar um milhão de reais ou perder um milhão de reais – ou qualquer outra quantia de dinheiro. Sabemos que dinheiro é um bem desejado por nós, **agentes racionais.** Dizer que somos racionais implica compreender que tomamos nossas decisões buscando maximizar nossa satisfação.

Mesmo não conhecendo você pessoalmente, sabemos que, se você tiver de decidir entre perder e ganhar dinheiro, muito provavelmente escolherá ganhar dinheiro! Sabemos dessa escolha porque ninguém, em **sã consciência**, isto é, racionalmente, escolheria, deliberadamente, perder dinheiro.

Então, utilizando os termos que aprendemos para lidar com a teoria dos jogos, podemos compreender a racionalidade como a forma com que os jogadores tomam decisões escolhendo as melhores estratégias para alcançar o máximo de benefício.

EXEMPLIFICANDO

A questão da racionalidade parece ser simples, porém esse não é um conceito amplamente aceito na teoria dos jogos. Afinal, mesmo que esperemos que os jogadores ajam com racionalidade, nem sempre é assim que acontece. Veja, por exemplo, dois casos que contradizem essa situação:

1) Suponha uma empresa familiar em que os acionistas são intimamente ligados à organização. Espera-se que os dirigentes tomem decisões racionais, nesse caso, que evitem prejuízos desnecessários e façam ações para atingir esse resultado. Entretanto, nesse contexto, por características emocionais, a empresa pode decidir por manter um funcionário ineficaz, visto que ele faz parte da família, ou pode decidir por não admitir a venda da empresa, mesmo em cenários desfavoráveis.

2) No caso de ganhar ou perder dinheiro, mesmo sendo 1 milhão de reais, afirmamos que todos os agentes racionais deveriam escolher ganhar dinheiro. Mas veja o caso do famoso fundador da Microsoft, Bill Gates, um dos principais bilionários do mundo. Em 2020, o magnata foi um dos maiores doadores para a campanha global de combate à pandemia da Covid-19. Somente no final daquele ano, ele havia doado cerca de 250 milhões de dólares, o que teria pouco ou quase nenhum impacto nos resultados de sua empresa. Alguém poderia questionar se Bill Gates agiu de forma racional, mas sabemos que ele não é louco, visto que foi o fundador de um dos

maiores impérios econômicos do mundo. No entanto, para a teoria econômica clássica, esse jogador não é um agente racional. Claro que simplificar a realidade ajuda a assimilar conceitos básicos da teoria dos jogos, mas, mesmo assim, podemos imaginar que, do ponto de vista de Bill Gates, talvez ele não esteja perdendo dinheiro: quem sabe as doações para a saúde possam ser abatidas no imposto de renda de sua empresa.

3) Considere o caso de uma pessoa que, decidida a comprar um carro usado, encontra o carro de seus sonhos e resolve adquiri-lo, mesmo sem realizar uma vistoria e constatar a boa condição do veículo. Nesse caso, o comprador agiu sem a racionalidade esperada, uma vez que não fez o levantamento necessário ou mesmo não usou as informações disponíveis para escolher a estratégia ótima.

Seriam racionais tais exemplos se, tratando-se de jogos de informação completa, os jogadores utilizassem todas os dados disponíveis. Aqui, cabe diferenciar **jogo de informação completa** de **jogo de informação incompleta**. Ela será completa se todos os jogadores conhecerem quem são os outros jogadores, quais são as estratégias que cada um pode adotar e quais são os resultados possíveis dadas as tantas possibilidades de estratégias viáveis. Perceba que os jogos desse tipo são aqueles com informação completa, isto é, os jogadores conhecem todas as regras do jogo. Quando isso não ocorre, afirmamos que se trata de um jogo de informação incompleta. Nesse caso, os jogadores podem até mesmo não saber que jogo estão jogando.

Como exemplo, podemos citar tanto a situação entre a Coreia do Norte e a Coreia do Sul quanto a disputa das grandes empresas produtoras de refrigerante de cola: nesses casos, os jogadores não têm todas as informações dos demais acerca de decisões de guerra, no primeiro contexto, e de investimentos ou planos de pesquisa, no segundo cenário.

Na literatura especializada, também aparecem as expressões **jogos de informação perfeita** e **jogos de informação imperfeita**. Na primeira, todos os jogadores sabem todas as jogadas prévias realizadas pelos demais; na segunda, isso não ocorre. Fiani (2015, p. 61) traduz esse conceito do seguinte modo:

> Um jogo é de informação perfeita quando todos os jogadores conhecem toda a história do jogo antes de fazerem suas escolhas, enfim conhecem todas as jogadas realizadas pelo seu adversário e obviamente as suas. Se algum jogador, em algum momento do jogo, tem de fazer suas escolhas sem conhecer exatamente a história do jogo até ali é o jogo dito de informação imperfeita.

Lembre-se de que somos considerados racionais por utilizarmos todas as informações disponíveis para nós, mesmo que não estejamos tratando de jogos de informação completa e perfeita.

Para saber mais

SILVA JR., A. B.; LAGES, A. M. G.; SILVA, V. F. A. Razão e emoção: o comportamento humano na tomada de decisão em um ambiente econômico incerto. **Nexos Econômicos**, Salvador, v. 13, n. 1, p. 8-29, jan./jun. 2019. Disponível em: <https://periodicos.ufba.br/index.php/revnexeco/article/view/33708/21120>. Acesso em: 10 jan. 2023.

A emoção, como vimos na situação envolvendo empresas familiares, também pode ser um fator que define o comportamento humano quando alguém resolve tomar uma decisão. Esse fato é um agravante, especialmente, quando identificamos ambientes econômicos incertos. Entretanto, foge do escopo deste livro explicar em detalhes essa temática. Se você tiver interesse em compreender o andamento desse debate, pode realizar a leitura do artigo do professor Alonso Barros da Silva Jr. e sua equipe que foi publicado na revista *Nexos Econômicos*.

SEN, A. Comportamentos econômicos e sentimentos morais. **Lua Nova**, São Paulo, n. 25, abr. 1992. Disponível em: <https://www.scielo.br/j/ln/a/S3kN9K8c5HWc3fSjGgWvSKQ/?format=pdf&lang=pt>. Acesso em: 10 jan. 2023.

No segundo caso, do magnata Bill Gates, parece-nos que existem sentimentos morais que fazem alguns agentes racionais decidirem prejudicar a si mesmos para auxiliar outros jogadores, o que, aparentemente, não traz nenhum benefício do ponto de vista da racionalidade. Os economistas comportamentais, como Kahneman, Tversky, Thaler, Ariely e outros, já se debruçaram sobre esse tema, mas as discussões também são amplas e fogem do escopo deste livro. Porém, se você também tiver interesse em acompanhar um pouco o andamento desse debate, o professor Amartya Sen, da Universidade de Harvard, redigiu um texto indicando a importância de considerarmos a ética na análise econômica.

Claro que questionar a racionalidade nos faz diminuir a importância da teoria dos jogos, afinal, se os jogadores não agem de forma racional, por que investigar as implicações da racionalidade? Contudo, embora exista uma infinidade de contraexemplos, a ordem geral é que os agentes ajam conforme a racionalidade esperada. Mesmo no contexto empresarial, sabemos que, num sistema competitivo, os comportamentos não racionais podem ser destrutivos.

Questão para reflexão

Vimos como a questão da racionalidade surge no contexto da interação humana. Agora, pense em casos que você vivenciou: Você agiu conforme o comportamento racional esperado? Você decidiu de forma racional?

1.4 Definição formal de *jogo*

Com as discussões apresentadas previamente, já é possível compreender o conceito de *jogo*. No campo de estudo da teoria dos jogos, os valores dos resultados são conhecidos como *pay-offs*. A expressão é utilizada pelos norte-americanos para indicar o dia dos pagamentos ou do acerto das contas. Também é usada no meio empresarial para nomear o acerto financeiro de certa operação. Claro que poderíamos empregar o próprio termo *resultado* (ou a expressão *valores de resultados*) para esse conceito, mas boa parte da literatura especializada em teoria dos jogos, mesmo textos em português, importou e usa com frequência os termos estrangeiros.

O objetivo dos jogadores ao longo de um jogo é escolher a estratégia ótima, isto é, aquela que vai maximizar os *pay-offs* esperados do jogador. Por isso, nosso objetivo na análise de cada um dos jogos é identificar qual seria a estratégia ótima para cada jogador.

O QUE É

O jogo, nesse contexto, é compreendido como uma situação em que os jogadores tomarão decisões estratégicas para atingir a estratégia ótima.

Então, em termos mais precisos, podemos entender que as decisões analisadas pela teoria dos jogos são aquelas em que:

1. os jogadores usam sua racionalidade;
2. os jogadores conhecem as regras do jogo;
3. os jogadores conseguem avaliar seus *pay-offs* em qualquer momento do jogo;
4. o jogo pode ser formalizado.

Perceba que, não sendo racional, a teoria dos jogos não vai explicar de forma satisfatória o resultado de cada tomada de decisão. Agora, o segundo pressuposto está amarrado ao primeiro. Isso porque, para que os jogadores ajam de forma racional, é essencial que eles conheçam as regras do jogo, isto é, as tantas possibilidades que cada jogador tem. Além disso, é preciso garantir que cada jogador possa avaliar de maneira consistente seus *pay-offs*, examinando seu ganho com sua estratégia e considerando as possibilidades de ações de seus oponentes.

Quando afirmamos que o jogo pode ser formalizado, estamos dizendo que só assim poderemos analisá-lo pela ferramenta da teoria dos jogos. A formalização aqui significa que podemos representá-lo por algum modelo matemático que nos permita reconhecer suas regras e possibilidades. Nesse contexto, cabe considerar duas formalizações básicas: (1) a **forma normal** e (2) a **forma sequencial**. No primeiro caso, representamos o jogo com matrizes que permitam mostrar de forma adequada as diferentes estratégias e os respectivos *pay-offs*. No segundo caso, representamos o jogo por meio de árvores de decisões, em que cada nó indicará uma escolha possível e o final dos ramos apontará os respectivos *pay-offs* dessas decisões. Essas representações ficarão mais claras à medida que as utilizarmos para as modelagens nos próximos capítulos.

Exemplificando

Agora, vejamos, com exemplos, os casos que podem ser tratados pela teoria dos jogos:

1) Suponha que você precise modelar o que ocorre num oligopólio, isto é, num mercado em que poucas empresas dominam certo setor. Esse é o caso, por exemplo, das

instituições financeiras. Nesse contexto, as empresas não podem conhecer a formação de custos de cada um de seus oponentes. Esse tipo de jogo tem regras conhecidas e pode ser analisado pela teoria dos jogos. Dessa maneira, é possível investigar como ocorre a formação de preços nesse mercado.

2) Ainda com relação ao jogo da formação de preços, todos os jogadores são capazes de calcular seus *pay-offs*. Nesse caso, as instituições financeiras podem avaliar qual será o lucro em função de cada decisão e da reação dos outros competidores. Desse modo, também podemos considerar essa situação como um jogo em sua definição formal.

Para saber mais

SARDINHA, J.; ARAÚJO, E.; MELLO, J. C. B. S. de. Racionalidade e não racionalidade na teoria dos jogos: um estudo de caso de fundos de investimento. **Engevista**, Rio de Janeiro, v. 20, n. 2, p. 360-373, 2018. Disponível em: <https://periodicos.uff.br/engevista/article/view/9204>. Acesso em: 10 jan. 2023.

Engevista é um periódico que apresenta trabalhos na área de engenharia, e uma de suas publicações foi um estudo de caso realizado por Jéssica Sardinha, Elaine Araújo e João Carlos Soares de Mello (2018), que modelaram um fundo de investimento com base no conceito de racionalidade e não racionalidade: definições fundamentais na teoria dos jogos. Nesse estudo de caso, os autores compararam o rendimento de duas operações financeiras, a poupança e a renda fixa, e investigaram se os administradores de fundos têm incentivo para diminuir a taxa de administração quando o fundo está mais alocado em investimentos de baixo risco, dada a não racionalidade de alguns jogadores (clientes) em relação a esses critérios. Embora o artigo cite elementos da teoria dos jogos que vamos discutir nos próximos capítulos, já podemos evidenciar como o critério de racionalidade e não racionalidade serve para auxiliar em certas tomadas de decisão.

1.5 Retomando conceitos de cálculo diferencial

Ao longo deste livro, especialmente nos capítulos posteriores, vamos tratar da resolução de problemas de otimização. Por isso, nesta seção, buscamos retomar, de forma pontual e direcionada, os principais conceitos que serão utilizados mais adiante, quando analisarmos jogos mais complexos. Caso você tenha facilidade com a temática, sinta-se à vontade para prosseguir na leitura dos próximos capítulos.

Um dos objetos de estudo da teoria dos jogos é a conhecida **função recompensa**. Trata-se de uma função que associa a cada combinação de jogada de todos os jogadores uma recompensa para cada jogador. Embora esse uso formal de função se faça desnecessário no caso de jogos mais simples, quando abordamos jogos como a "batalha de preços", a "determinação simultânea da quantidade" ou outros envolvendo preço, demanda ou quantidade, geralmente associamos ao conceito de função recompensa o de **função lucro**.

Sabemos, afinal, que o custo e a receita de determinada produção estão vinculados a diversos fatores. Aqui, na maior parte das funções, vamos considerar:

$$C(q)$$

Isto é, uma **função custo C**, associada à quantidade de bens produzidos/vendidos q. Então, vamos considerar:

$$R(q) = p$$

em que R é a receita escrita em termos da quantidade de bens produzidos/vendidos. Perceba, como aponta Martins (2010, p. 27), que "o custo é um gasto relativo a bem ou serviço utilizado na produção de outros bens ou serviços". Quando tratarmos de problemas econômicos, vamos levantar a importância dos custos para as tomadas de decisão das empresas. Embora não modelemos a função custo de algumas empresas, devemos ter em mente, como afirma Porter (1989, p. 57), que "os custos podem orientar as empresas a aumentarem suas vantagens competitivas, exercendo uma forte influência sobre a estrutura industrial".

Uma **função receita** é dada pelo produto do preço de venda/compra p do objeto pela quantidade q. Assim, se, em algum jogo, tratarmos a função recompensa como a função **lucro L**, poderemos escrever:

$$L(q) = R(q) - C(q)$$

Ao longo deste livro, você verá a notação para a função recompensa dada por Π, mas isso será especificado ao longo do material. Além disso, em alguns dos jogos que analisaremos, notaremos que o interesse de um dos jogadores é **maximizar** seu lucro; em outros, o objetivo é **minimizar** o lucro de seus concorrentes. Dessa forma, teremos jogos cuja modelagem envolve resolver **problemas de otimização**.

Para isso, relembremos que a **derivada** de uma função é dada por:

$$\frac{dL}{dq} = \lim_{\Delta q \to 0} \frac{L(q + \Delta q) - L(q)}{\Delta q}$$

Para Iezzi, Murakami e Machado (1999, p. 130), "A derivada de uma função f no ponto x_0 é igual ao coeficiente angular da reta tangente ao gráfico de f no ponto de abscissa x_0".

Embora os autores escrevam a definição de derivadas utilizando uma função f no ponto x_0, podemos relacionar a definição que escolhemos quando a contextualizamos para a função lucro. Assim, a função f é a função L, enquanto o ponto x_0 é o ponto q.

Gráfico 1.1 – Reta tangente a uma curva no ponto x = a

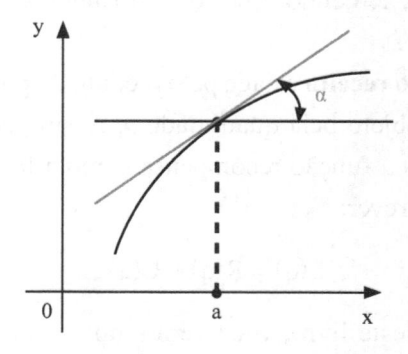

Note que, no gráfico, a curva tem uma derivada no ponto x = a indicada pela reta em cinza. Sua interpretação geométrica indica a reta tangente à curva y = f(x) no ponto x = a. Se imaginarmos que y = f(x) expressa a função recompensa, então a derivada da função determina a taxa de variação da função recompensa em relação à quantidade de bens produzidos. Perceba que essa informação, conhecida em economia como **função lucro marginal**, especifica a quantidade aproximada de aumento ou redução do lucro, dada uma elevação unitária no nível de produção. Dessa forma, se a derivada da função pode indicar, por exemplo:

$$\frac{dL}{dq} = 5$$

Isso significa que, dado um aumento na produção/venda de mais um artigo, haverá um aumento de cinco unidades monetárias no lucro da empresa analisada. Entretanto, a igualdade a seguir implica que um aumento na produção/venda de outro artigo unitário causará uma redução do lucro em três unidades monetárias para a mesma empresa:

$$\frac{dL}{dq} = -3$$

Aqui, dizemos que a função lucro marginal aproxima o valor real do lucro dado por um incremento unitário, justamente porque $\Delta q \to 0$ na expressão, enquanto o aumento real será dado quando $\Delta q = 1$. Ao utilizarmos o valor $\Delta q = 1$, obtemos:

$$\frac{\Delta L}{\Delta q} = \frac{L(q + \Delta q) - L(q)}{\Delta q}$$

Entretanto, pela facilidade do cálculo e da análise da derivada da função recompensa, escolhemos avaliar o lucro marginal, mesmo este sendo uma aproximação do lucro real. Em teoria microeconômica, aprendemos que essa aproximação não traz grandes prejuízos na identificação dos pontos críticos da função. Como aponta Menezes ([S.d.], p. 2, grifo do original), "em Economia, **Análise Marginal** se refere ao uso de derivadas de funções para estimar a variação ocorrida no valor da variável dependente, quando há um acréscimo de 1 unidade no valor da unidade independente".

A própria autora ainda nos apresenta o que seria o custo marginal, matematicamente:

> Se $C(q)$ é o custo de produção de q unidades de um certo produto, então o **Custo Marginal,** quando $q = q_1$, é dada por $C'(q_1)$, caso exista. A função C' é chamada **Função Custo Marginal** e frequentemente é uma boa aproximação do custo de produção de uma unidade adicional. (Menezes, [S.d.], p. 1, grifo nosso e do original)

Embora os autores utilizem notações distintas, ainda assim podemos encontrar conceitos similares. Veja ainda que, para Menezes, ([S.d.], p. 1, grifo nosso e do original), "Os economistas usam o termo **Custo Marginal** para limite do quociente [...] quando Δq tende a zero, desde que o limite exista. Esse limite é a derivada de C em q_1 [...]".

Perceba que a análise que precisamos realizar é mapear a função $\dfrac{dL}{dq}$ para encontrar em que momento ela permitirá uma maximização em seus lucros. Do ponto de vista do cálculo diferencial, isso acontece nos conhecidos **pontos críticos**, isto é, nos momentos em que a derivada se anula.

Quando acompanhamos o desenho da função L(q), concluímos que um ponto de maximização é dado por x = a tal que, para valores de x < a, L(x) < L(a) e, para valores de x > a, L(x) < L(a) também. Contudo, para valores x < a, notamos que, quando x → a, a função L(x) é **crescente**, o que implica que sua taxa de variação, isto é, sua derivada, é positiva. Para valores x > a, percebemos que, quando x → a, a função L(x) é **decrescente**, o que implica que sua taxa de variação, nesse caso, é negativa. Isso nos leva a concluir que o ponto de máximo, caracterizado como uma separação entre uma região antes crescente e uma região depois decrescente, é tal que sua taxa de variação é nula, isto é:

$$\frac{dL}{dq} = 0$$

Esse critério, conhecido como **teste da derivada primeira**, permite-nos caracterizar um ponto crítico, mas não, necessariamente, um ponto de máximo ou de mínimo. Isso porque um ponto de minimização é aquele ponto x = a tal que, para valores de x < a, L(x) > L(a) e, para valores de x > a, L(x) > L(a) também. No entanto, aqui percebemos que, quando x → a, a função L(x) é **decrescente** para os valores de x → a^-, mas **crescente** para os valores de x → a^+. Isso significa que, embora estejamos tratando de um ponto de minimização, em vez de maximização, essa análise nos permite inferir que a derivada da função L(x) no ponto de minimização também é nula.

Dessa forma, o teste da derivada primeira não nos permite dizer se estamos tratando de um ponto de máximo ou de mínimo. Chamamos esse ponto que nos gerou dúvida de **ponto crítico**, podendo, inclusive, ser um ponto de inflexão, isto é, um ponto cuja derivada é nula, mas não é nem de maximização, nem de minimização.

Note, a seguir, que as curvas representam os pontos críticos. No primeiro caso, trata-se de um ponto de mínimo e, no segundo, de um ponto de máximo, enquanto o terceiro apresenta um ponto de inflexão.

Gráfico 1.2 – Pontos críticos

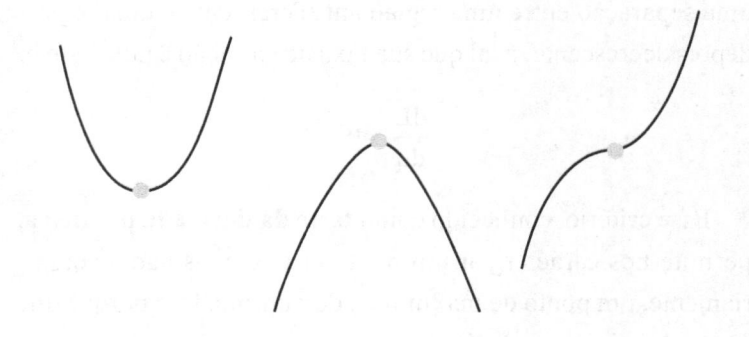

Fonte: Vídeo..., 2022.

Além disso, percebemos que o teste da derivada primeira permite encontrar pontos críticos **locais**, mas que não são, necessariamente, **absolutos**. Observe, no gráfico a seguir, uma função qualquer que apresenta três pontos de máximo e dois pontos de mínimo.

Gráfico 1.3 – Pontos de máximo e de mínimo: locais e absolutos

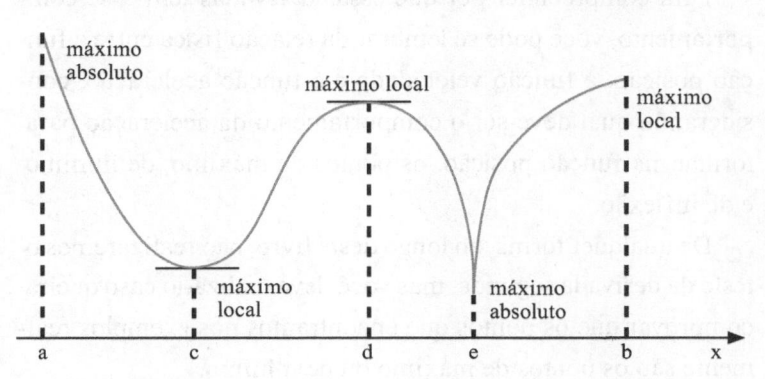

Fonte: Bacelar, 2017.

Observe que, no gráfico, está representado um ponto de mínimo da função recompensa, seguido de um ponto de máximo e de um ponto de inflexão.

Para classificarmos o ponto crítico em ponto de máximo, ponto de mínimo ou ponto de inflexão, utilizamos o **teste da derivada segunda**. Nesse caso, podemos mostrar que, dado q_c, um ponto crítico pode ser:

- $\dfrac{d^2L}{dq^2}(q_c) > 0$ – Estamos tratando de um ponto de **mínimo local**.

- $\dfrac{d^2L}{dq^2} < 0$ – Estamos tratando de um ponto de **máximo local**.

- $\dfrac{d^2L}{dq^2}(q_c) = 0$ – Estamos tratando um ponto de **inflexão**.

Para compreender por que essas derivadas têm esse comportamento, você pode se lembrar da relação física entre a função posição, a função velocidade e a função aceleração, considerando qual deve ser o comportamento da aceleração para formar, na função posição, os pontos de máximo, de mínimo e de inflexão.

De qualquer forma, ao longo deste livro, não realizaremos o teste da derivada segunda, mas você deve realizá-lo caso queira comprovar que os pontos que encontramos nos exemplos realmente são os pontos de máximo ou de mínimo.

EXEMPLIFICANDO

Considere uma empresa produtora de ração que deseja investigar como maximizar seu lucro, sabendo que sua receita é dada por:

$$R(q) = q^3$$

Seu custo é dado por:

$$C(q) = -9q^2 + 24q + 32$$

Dessa forma, seu lucro será a diferença entre a receita e o custo:

$$L(q) = R(q) - C(q)$$

$$L(q) = q^3 + 9q^2 - 24q - 32$$

Como podemos usar ferramentas como calculadores *on-line* para visualizar o gráfico dessa função, recomendamos o *software* GeoGebra. Nesse caso, observam-se os dois pontos críticos que a função tem. Mesmo que o próprio *software* consiga realizar a operação de determinação dos pontos críticos, é interessante fazer o procedimento com a álgebra para aprender a generalizar e a aplicá-lo aos problemas que veremos adiante.

Gráfico 1.4 – Função $L(q) = q^3 + 9q^2 - 24q - 32$

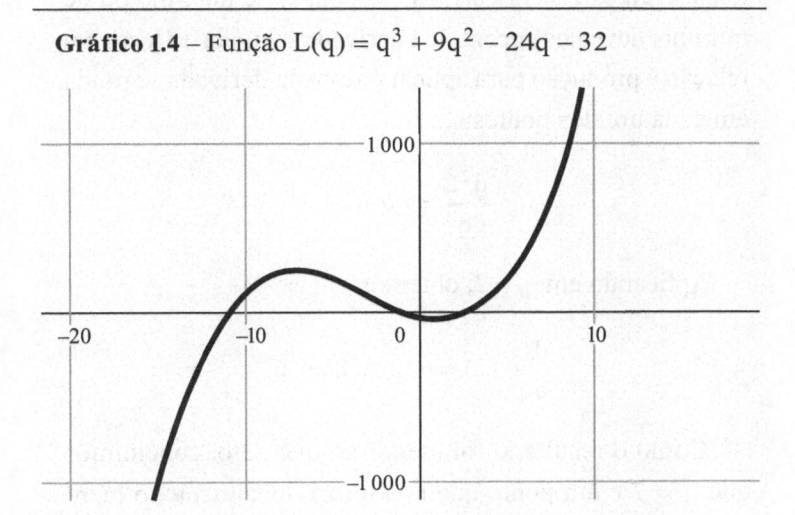

Para encontrarmos os pontos críticos, aplicamos o teste da derivada primeira. Como se trata de uma função polinomial, utilizamos a regra adequada para encontrar a derivada do lucro em função da quantidade de bens produzidos:

$$\frac{dL}{dq} = L'(q) = 3q^2 - 18q + 24$$

Assim, precisamos encontrar os pontos cuja derivada é nula. Desse modo, fazemos:

$$\frac{dL}{dq} = 0$$

$$3q^2 - 18q + 24 = 0$$

As soluções são $q_1 = 2$ e $q_2 = 4$. Esses são os pontos críticos. Para os classificarmos em pontos de máximo ou de mínimo, devemos encontrar a derivada segunda do lucro em relação à produção para aplicar o teste da derivada segunda em cada um dos pontos:

$$\frac{d^2L}{dq^2} = 6q - 18$$

Aplicando em $q_1 = 2$, obtemos:

$$\frac{d^2L}{dq^2}(2) = 6 \cdot 2 - 18 = -6$$

Como o resultado foi menor do que zero, concluímos que $q_1 = 2$ é um ponto que maximiza, localmente, o lucro dado pela produção de ração. Aplicando-o a $q_2 = 4$, obtemos:

$$\frac{d^2L}{dq^2}(4) = 6 \cdot 4 - 18 = 6$$

Nesse caso, obtemos um resultado maior do que zero, concluindo que $q_2 = 4$ é um ponto que minimiza, localmente, o lucro dado pela produção de ração.

Esse raciocínio nos permitirá resolver a maior parte dos problemas. Talvez a grande diferença que você verá é que, dada a existência de pelo menos dois jogadores, trata-se de uma modelagem similar, mas com o uso de funções de várias variáveis. Embora estejamos utilizando a versão generalizada do teste da derivada primeira e da derivada segunda para derivadas parciais, você conseguirá compreender as operações que foram feitas com uma leitura cuidadosa.

Exercícios resolvidos

1) Considere uma empresa produtora de morango cujo preço da caixa é dado por p, enquanto x indica a quantidade de milhares de caixas vendidas a cada dia.

Suponha também que conhecemos a equação de oferta, dada por:

$$px - 20p - 3x + 105 = 0$$

Vamos investigar o que está ocorrendo com o preço da caixa de morango considerando que a quantidade de caixas ofertadas está no nível de 5 000 unidades, mas a oferta tem diminuído 250 caixas por dia.

Nesse problema, conhecemos algumas informações:

$$x = 5$$

$$\frac{dx}{dt} = -\frac{1}{4}$$

Perceba que esses dados foram coletados do problema tomando -se o cuidado de verificar as unidades de medida. A quantidade de caixas vendidas, x, é medida em milhares de caixa, ao passo que a velocidade com que a quantidade de caixas tem diminuído a cada dia é medida em milhares de caixa por dia. Por isso, encontramos $x = 5$ e $\dfrac{dx}{dt} = -\dfrac{1}{4}$.

Dado que temos o nível $x = 5$, podemos usar a equação de oferta para determinar o preço corrente, bastando substituir o valor da variável conhecida na equação:

$$px - 20p - 3x + 105 = 0$$
$$5p - 20p - 3 \cdot 5 + 105 = 0$$
$$15p = 90$$
$$p = 6$$

Perceba que esse é o preço atual da caixa de morango, tendo em vista a quantidade de caixas de morango circulando no mercado. Entretanto, como sabemos que a quantidade ofertada tem diminuído a cada dia, a uma taxa de $\dfrac{dx}{dt} = -\dfrac{1}{4}$, podemos encontrar a velocidade com que o preço tem variado.

Considerando taxas de variação, derivamos a equação de oferta. Por se tratar de uma função implícita, podemos derivá-la utilizando a regra da cadeia. Inicialmente, aplicamos o operador diferencial $\dfrac{d}{dt}$ em ambos os termos da equação, obtendo:

$$px - 20p - 3x + 105 = 0$$
$$\frac{d}{dt}\left(px - 20p - 3x + 105\right) = \frac{d}{dt}0$$

Como p(t) e x(t), isto é, ambas as variáveis dependem de *t*, podemos escrever:

$$\frac{dp}{dt} \cdot x + p \cdot \frac{dx}{dt} - 20 \cdot \frac{dp}{dt} - 3 \cdot \frac{dx}{dt} = 0$$

Substituindo os dados do problema, obtemos:

$$5\frac{dp}{dt} + 6 \cdot \left(-\frac{1}{4}\right) - 20 \cdot \frac{dp}{dt} - 3 \cdot \left(-\frac{1}{4}\right) = 0$$

$$\frac{dp}{dt} = -\frac{1}{20}$$

Aqui, convertendo o resultado, vemos que $\frac{dp}{dt} = -0,05$ e concluímos que o preço tem decrescido a uma taxa de **R\$ 0,05** por dia.

2) Para compreender melhor a diferença entre os conceitos de custo adicional e custo marginal, vamos supor a existência de uma empresa que refina petróleo. Nesse caso, a instituição tem um custo de produção que depende da quantidade de petróleo refinado. Suponha que *x* representa a quantidade de petróleo refinado em milhões de barris, ao passo que C(x) é a função custo total que relaciona a essa quantidade o custo envolvido para essa operação.

Como exemplo, imagine que os gestores da empresa, após consultoria estatística e análise de dados, obtiveram a seguinte função:

$$C(x) = 2,5x^2 + 4,32x + 1\,200$$

Vamos determinar o custo adicional real gerado quando o nível de produção aumenta de 10 para 11 milhões de barris de petróleo e compará-lo com o custo marginal para a produção de 10 milhões.

O custo de produção de 10 milhões de unidades é dada por $C(10)$:

$$C(10) = 2,5 \cdot 10^2 + 4,32 \cdot 10 + 1\,200$$
$$C(10) = 1\,493,20$$

Já o custo de produção de 11 milhões de unidades é dada por $C(11)$:

$$C(11) = 2,5 \cdot 11^2 + 4,32 \cdot 11 + 1\,200$$
$$C(11) = 1\,550,02$$

Aqui, percebemos que a diferença entre $C(11)$ e $C(10)$ representa quanto o custo aumentou para produzir uma unidade a mais:

$$C(11) - C(10) =$$
$$1\,550,02 - 1\,493,20 =$$
$$56,82$$

Veja que o custo marginal, por sua vez, é obtido realizando-se a derivada primeira da função custo. Nesse caso, obtemos:

$$C(x) = 2,5x^2 + 4,32x + 1\,200$$
$$C'(x) = 5,0x + 4,32$$

Substituindo x = 10, vemos que, para esse nível de produção, o custo marginal é dado por:

$$C'(10) = 5,0 \cdot 10 + 4,32$$
$$C'(10) = 54,32$$

Note que o custo real pela adição de uma unidade ao nível de produção, de 10 milhões para 11 milhões de barris, gera um adicional por barril de R$ 56,82. Entretanto, o custo marginal gera uma boa aproximação para esse valor. De acordo com essa informação, o aumento seria de **R$ 54,32**.

Embora alguns possam afirmar que existe muita diferença entre esses dois valores, quanto ao propósito de determinar os pontos críticos da função, a análise pela função custo marginal oferece um resultado que quase sempre condiz com a realidade.

SÍNTESE

Neste capítulo, tratamos brevemente do histórico da teoria dos jogos, bem como de sua natureza e de seus limites. Também vimos a questão da racionalidade e a definição de *jogo*. A seguir, listamos os principais tópicos abordados em cada seção do capítulo.

Na seção "**Breve histórico da teoria dos jogos**", explicamos que:

- nomes de matemáticos famosos como Nicolaus Bernoulli, James Waldegrave, John von Neumann e John Nash aparecem ao longo da história como precursores dessa teoria;

- o desenvolvimento da teoria dos jogos no século XVIII estava atrelado aos aprendizados realizados no campo da teoria das probabilidades;
- John von Neumann, além de atuar no desenvolvimento da computação, deu passos importantes na teoria dos jogos;
- John Nash foi essencial para determinar o equilíbrio de Nash e avançar na resolução de disputas que surgem na teoria dos jogos, além de ilustrar o desenvolvimento da área em sua história, representada no filme *Uma mente brilhante* (2001).

Na seção **"Natureza e limite da teoria dos jogos"**, esclarecemos que:

- todo jogo deve ter regras;
- todo jogo deve ter estratégias;
- todo jogo deve ter um resultado;
- todo jogo deve ser uma situação de interdependência estratégica;
- o jogo é resultado de uma interação humana e não está, necessariamente, associado ao lúdico ou às brincadeiras;
- os problemas que originaram as primeiras modelagens em teoria dos jogos foram similares aos encontrados nas origens da teoria das probabilidades, especialmente aqueles discutidos em cartas pelos matemáticos Fermat e Pascal.

Na seção "**A questão da racionalidade**", vimos que:

- o ser humano, embora seja um ser racional na maior parte das vezes, apresenta sentimentos morais e emoções que o tornam relativamente imprevisível;
- a racionalidade é uma característica que nos define como seres humanos e nos diferencia dos demais animais;
- existem casos emblemáticos que nos fazem questionar nossa racionalidade: são situações como as decisões em empresas familiares, as decisões de filantropos e o não levantamento ou o não uso das informações disponíveis.

Na seção "**Definição formal de *jogo***", mostramos que:

- o jogo representa um caso em que os participantes devem tomar decisões estratégicas com vistas a obter a estratégia ótima;
- os jogadores são tais que utilizam, sempre, sua racionalidade;
- todos os jogadores envolvidos no jogo conhecem todas as suas regras;
- todos os jogadores envolvidos no jogo avaliam seus *pay-offs*;
- o jogo pode ser escrito numa representação formal.

Na seção "**Retomando conceitos de cálculo diferencial**", destacamos que:

- a teoria das funções pode ser utilizada para determinar uma função recompensa que nos dará o resultado de cada jogo;
- os jogadores buscam otimizar a função recompensa, isto é, maximizar sua função recompensa ou minimizar a função recompensa dos outros jogadores;
- o problema de otimização da função recompensa recai no teste da derivada primeira e no teste da derivada segunda;
- o teste da derivada primeira envolve derivar a função recompensa e encontrar suas raízes;
- as raízes da derivada primeira serão pontos críticos, podendo ser ponto de máximo, ponto de mínimo ou ponto de inflexão;
- o teste da derivada segunda permite classificar os pontos críticos num dos três casos dados;
- quando a derivada segunda de um ponto crítico é positiva, isso indica que o ponto crítico é um ponto de mínimo;
- quando a derivada segunda de um ponto crítico é negativa, isso indica que o ponto crítico é um ponto de máximo;
- quando a derivada segunda de um ponto crítico é nula, isso indica que o ponto crítico é um ponto de inflexão.

Como síntese deste capítulo, apresentamos os mapas mentais a seguir, que podem ajudá-lo a relembrar os tópicos discutidos. Também fica o convite para que você desenvolva seus próprios mapas mentais para fixar os conteúdos estudados.

Figura 1.3 – Mapa mental representando os conhecimentos aprendidos na seção "Breve histórico da teoria dos jogos"

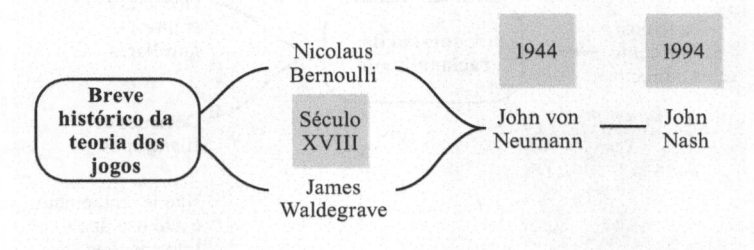

Figura 1.4 – Mapa mental representando os conhecimentos aprendidos na seção "Natureza e limites da teoria dos jogos"

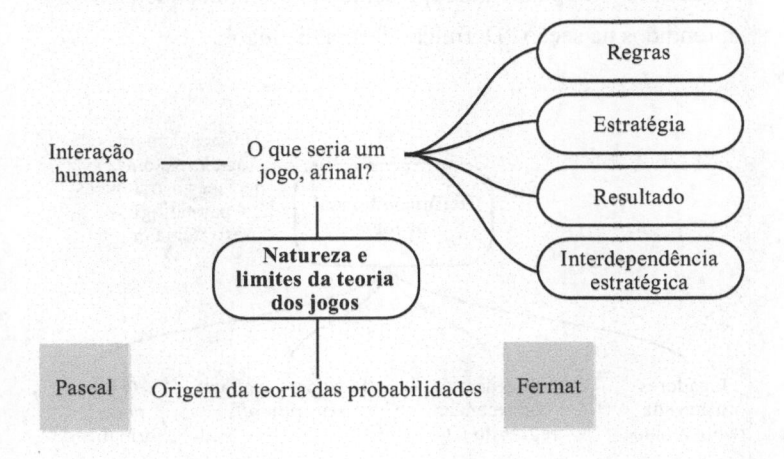

Figura 1.5 – Mapa mental representando os conhecimentos aprendidos na seção "A questão da racionalidade"

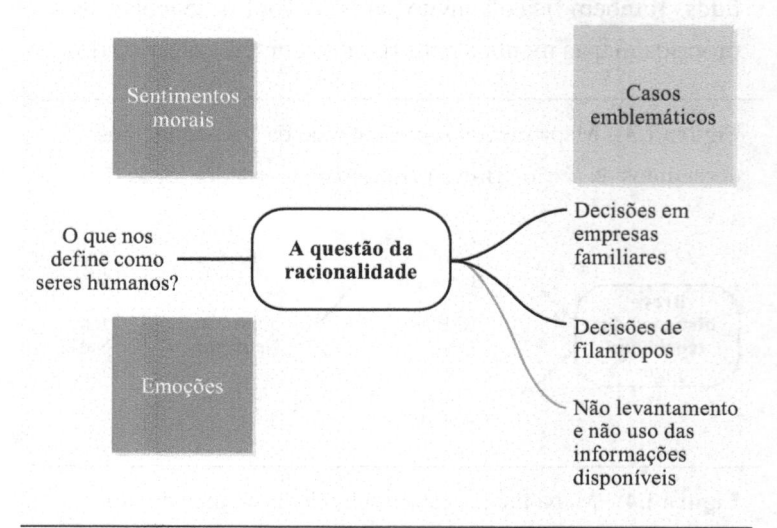

Figura 1.6 – Mapa mental representando os conhecimentos aprendidos na seção "Definição formal de *jogo*"

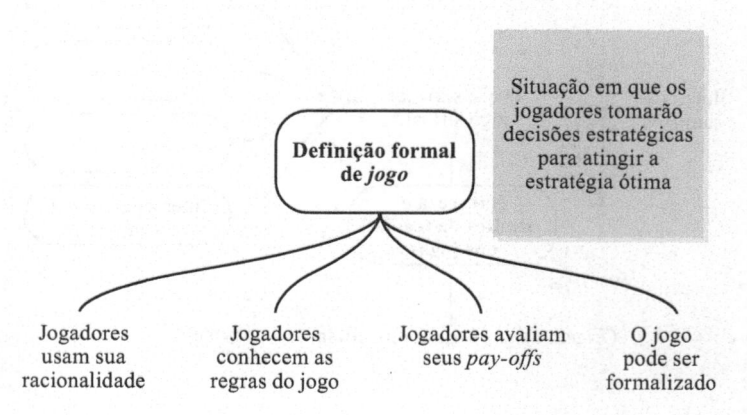

Figura 1.7 – Mapa mental representando os conhecimentos aprendidos na seção "Retomando conceitos de cálculo diferencial"

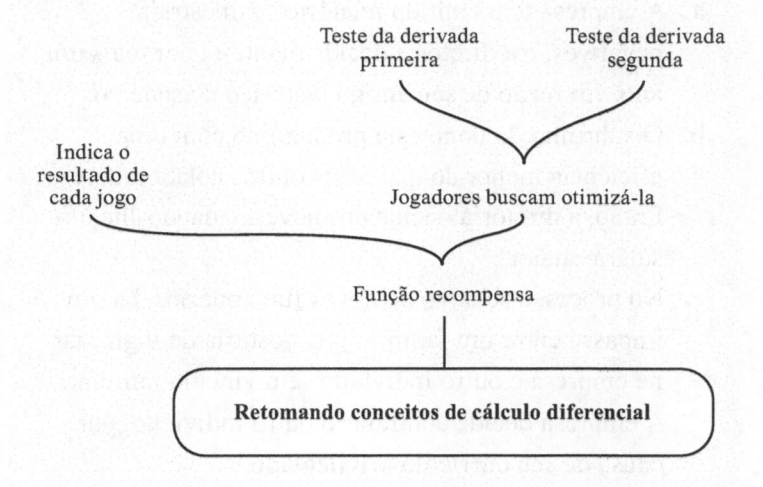

QUESTÕES PARA REVISÃO

1) Considerando a racionalidade que os jogadores utilizam em diversos jogos, explique como deve acontecer o processo de interação estratégica.

2) Com base na leitura e nos estudos realizados ao longo deste capítulo, explique qual é o objetivo da teoria dos jogos, diferenciando-o do conceito de jogo pela temática lúdica.

3) Considere as diferentes decisões que uma empresa familiar pode escolher tomar em determinada jogada. Assinale a alternativa que apresenta a única decisão que mostra que a

empresa age conforme a racionalidade esperada pela teoria dos jogos:

a. A empresa tem emitido relatórios trimestrais negativos, e a diretoria decide mantê-la por mais um ano, em razão de seu antigo histórico de sucesso.

b. O sobrinho do dono está produzindo com uma eficiência menor do que a dos outros colaboradores. Então, a diretoria decide promovê-lo, dando-lhe um salário maior.

c. No processo seletivo de novos funcionários, há um impasse entre um familiar que gostaria de ingressar na empresa e outro indivíduo sem vínculo familiar. A empresa decide contratar o outro indivíduo, por causa de seu currículo privilegiado.

4) Considere as decisões de um magnata da indústria de petróleo. Assinale a alternativa que apresenta a única decisão que mostra que o magnata age conforme a racionalidade esperada pela teoria dos jogos:

a. A comissão de crise da empresa do magnata aponta que o refinamento de petróleo está tendo problemas externos com a poluição de um rio próximo. Mesmo não havendo regulamentação formal para esse setor, o magnata decide investir em tratamentos ambientais.

b. Os barris de petróleo têm previsão de sofrer, no próximo semestre, um aumento generalizado de preços. Como a empresa do magnata controla boa parte da produção, decide estocar seus barris para vendê-los por um preço maior no semestre seguinte.

c. A situação das águas potáveis mundiais vem piorando a qualidade de vida da população. Mesmo sem sua empresa ser culpada por esse problema, para minimizar os efeitos desse problema, o magnata decide investir em pesquisa nesse setor.

5) Nem todas as situações podem ser modeladas pela teoria dos jogos. Assinale a alternativa que apresenta a única situação que não pode ser modelada dessa forma:

a. Jogo de preços de um oligopólio.

b. Jogo político.

c. Jogo individual.

Conteúdos do capítulo:

- Aplicação dos jogos em economia e administração.
- Modelagem de um jogo.
- Jogos simultâneos.
- Jogos sequenciais.

Após o estudo deste capítulo, você será capaz de:

1. compreender a aplicação dos jogos nas áreas de economia e administração;
2. modelar jogos triviais por meio de ferramentas matemáticas;
3. definir jogos simultâneos e modelar situações simples com o uso de matrizes;
4. definir jogos sequenciais e modelar situações simples com o uso de árvores de decisões.

2

Jogos simultâneos e sequenciais

A modelagem e a previsão do resultado dos jogos dependem do uso de ferramentas matemáticas adequadas para cada caso. Os modelos iniciais são os jogos simultâneos e os jogos sequenciais, diferenciados pela ordem de jogada de cada jogador: no primeiro caso, ambos realizam sua jogada ao mesmo tempo, ao passo que, no segundo caso, após a jogada do primeiro jogador, o segundo faz seu movimento, ou seja é, são lances sequenciais. Veremos em detalhes como realizar as primeiras modelagens relacionadas a esses jogos.

2.1 Aplicação dos jogos em economia e administração

Com a leitura e os estudos do capítulo anterior, certamente você já teve uma boa percepção da utilidade da teoria dos jogos na resolução de problemas reais, especialmente quando aplicados nas áreas de economia ou administração. Afinal, observamos que essa modelagem é capaz de auxiliar nas tomadas de decisão, principalmente quando tratadas de forma estratégica – assim, uma única jogada acaba por influenciar todos os resultados possíveis.

Perceba que gerentes e administradores, profissionais envolvidos com a gestão, são favorecidos pelos estudos da teoria dos jogos. Sua utilidade também aparece quando precisamos decidir, entre diversos caminhos, por aquele que levará aos melhores resultados. Lembramos, então, que essas decisões demandam comportamento racional.

Claro que existem algumas aplicações mais tradicionais, em que as publicações em revistas e periódicos especializados são mais recorrentes. Mas você conseguirá, ao término de seus estudos, expandir a forma de raciocínio abordada aqui para a resolução de problemas que surgem em suas tomadas de decisão, seja como indivíduo, seja como representante de alguma instituição. Nos casos mais tradicionais, encontramos algumas situações como as descritas na sequência.

Exemplificando

1) Suponha que o gestor de uma grande rede de postos de gasolina decide entrar em contato com seus concorrentes para lhes oferecer a formação de um cartel. Aceitando a oferta, as empresas se unirão para dominar o mercado com vistas a eliminar a concorrência. Porém, sabemos que o Supremo Tribunal Federal (STF) entende a formação de cartel como um crime, de espécie contra a ordem econômica. Isso porque, com o cartel formado, os ofertantes são capazes de fixar **artificialmente** os preços

ou a quantidade de produtos produzidos, penalizando os consumidores. Embora a prática seja criminosa, nem sempre ela é impedida. Na situação do gestor que propõe criar esse esquema, podemos ter as seguintes situações: se nenhuma empresa trair o cartel, tanto o gestor como seus concorrentes terão altos lucros; entretanto, se a traidora baixar seus preços tentando ganhar o mercado, poderá ter uma lucratividade ainda maior à custa de desmontar o próprio cartel. Então a decisão esperada (jogada) é trair ou não trair.

2) Suponha agora a existência de uma empresa do ramo de telefones celulares que tem um setor próprio de Pesquisa e Desenvolvimento (P&D). Nele são desenvolvidas pesquisas que trazem melhoramento para seus aparelhos, como a implementação de um sistema de GPS mais preciso, conectividade Wi-Fi de última geração e tantos outros projetos. Contudo, por causa da complexidade e do custo das pesquisas em novas tecnologias, essa empresa precisa cooperar com outras do mesmo ramo para expandir a área. Os resultados das pesquisas serão capazes de aumentar os lucros futuros, mas terão de ser compartilhados com os concorrentes. Além disso, existe a possibilidade de uma de suas concorrentes crescer com a pesquisa desenvolvida pelo grupo e elevar sua competividade para, em seguida, quebrar o acordo de parceria no futuro. Então, a decisão esperada é continuar competindo ou cooperar.

3) Em 2020, os Estados Unidos anunciaram a imposição de tarifas para a importação de folhas de alumínio de 18 países, inclusive o Brasil. A prática aconteceu em razão de o governo americano entender que alguns países estavam praticando o *dumping*, isto é, estavam vendendo alumínio abaixo do preço de mercado e, consequentemente, prejudicando a produção americana. O preço reduzido poderia acontecer por diversos fatores: pelo fator social, no caso em que a empresa tem custos trabalhistas mais baixos que barateiam a produção; pelo fator ambiental, no caso em que a empresa realiza uma exploração desenfreada de recursos naturais e tem poucos custos ambientais, como impostos verdes; pelo fator predatório, quando a empresa deixa seu preço abaixo de seu custo para destruir a concorrência e conquistar um monopólio. Nesse cenário, imagine que você é gestor de uma empresa de alumínio brasileira que estuda reduzir seus preços abaixo do preço de custo, com vistas a realizar um *dumping* predatório. Se as empresas americanas, seus concorrentes, decidirem abaixar seus preços para acompanhar o mercado, então essa guerra de preços beneficiará sua companhia, visto que você tem custos menores. No caso em que as empresas decidirem manter seu preço, você sentirá um aumento da demanda expressivo, em virtude de seu preço competitivo, o que o fará passar por um prejuízo grande. Então, a decisão esperada é abaixar ou não abaixar o peço.

2.2 Modelagem de um jogo

Quando tratamos de jogos, consideramos a existência de seus elementos básicos: jogadores, estratégias, ganhos (*pay-offs*), entre outros. Como utilizaremos a matemática para modelar as diferentes situações, podemos representar cada um desses elementos com símbolos.

Os jogadores, de número finito, podem ser representados por um conjunto G dado por:

$$G = \left\{ g_1, g_2, ..., g_n \right\}$$

Dessa forma, cada g_i ($i \leq 1 \leq n$) representa um dos jogadores envolvidos, os quais poderão escolher uma das possíveis estratégias. Dessa forma, o jogador g_i terá como possibilidades as estratégias S_i:

$$S_i = \left\{ s_{i1}, s_{i2}, ..., s_{imi} \right\}$$

Aqui, m_i representa a quantidade de estratégias permitidas para o jogador i, o qual, necessariamente, deve ser pelo menos igual a 2 ($m_i \geq 2$). Caso tivéssemos uma única estratégia possível ($m_i = 1$), não estaríamos tratando de um jogo, visto que não há decisões a serem tomadas. Assim, também definimos um vetor:

$$s = \left(s_{1j_1}, s_{2j_2}, ..., s_{nj_n} \right)$$

em que cada s_{1j_1} representa as diferentes estratégias puras para o jogador $g_i \in G$. Dessa forma, s significa um perfil de estratégia pura. Ao formarmos o conjunto de todos os perfis de estratégia pura, temos o seguinte produto cartesiano:

$$S = \prod_{i=1}^{n} S_i = S_1 \times S_2 \times ... \times S_n$$

Esse será o **espaço de estratégia pura** do jogo. Além disso, cada jogador $g_i \in G$ terá uma função associada para cada uma das estratégias possíveis. Essa função será conhecida como **função utilidade** ou **função recompensa**:

$$u_i : S \to \mathbb{R}$$

$$s \mapsto u_i(s)$$

Essa função associa o *pay-off* $u_i(s)$ do jogador g_i em termos de cada perfil de estratégia pura $s \in S$.

Embora a notação matemática seja um pouco confusa para aqueles que não estão habituados com o assunto, a proposta é que ela nos ajude a modelar e a entender cada jogo.

Vejamos, por exemplo, como utilizamos a notação para representar um jogo formado por três empresas distintas que estão interagindo num mercado na formação do preço de seus produtos. Podemos representar os jogadores iniciando por:

$$G = \{A, B, C\}$$

Considerando que cada empresa pode assumir três estratégias distintas, podemos representar o espaço de estratégia pura na forma da seguinte matriz:

$$S = \begin{bmatrix} S_A^1 & S_B^1 & S_C^1 \\ S_A^2 & S_B^2 & S_C^2 \\ S_A^3 & S_B^3 & S_C^3 \end{bmatrix}$$

Perceba que S_A^1 será a estratégia de número 1 do jogador A, ao passo que S_A^2 será a estratégia de número 2 também do jogador A; S_C^2 será a estratégia 2, agora do jogador C, e assim por diante. Também podemos criar a função utilidade, indicando o *pay-off* de cada um dos jogadores g em termos das estratégias adotadas pelos outros jogadores:

$$u^g = u\left(S_A^i, S_B^j, S_C^k\right)$$

Note que essa função será resultado da estratégia que cada um dos três jogadores escolher.

EXEMPLIFICANDO

Vejamos novamente o caso de *dumping* no conflito pelo mercado de alumínio entre o governo dos Estados Unidos e os demais países. Nessa situação, temos dois jogadores: podemos denotar o governo americano por A e os demais países por B. As estratégias possíveis são manter ou reduzir o preço. Nesse caso:

$$G = \{A, B\}$$

Como cada jogador pode assumir duas estratégias distintas, escrevemos o seguinte espaço de estratégia pura:

$$S = \begin{bmatrix} s_{11} & s_{12} \\ s_{21} & s_{22} \end{bmatrix}$$

$$S_{11} = \text{Mantém}$$
$$S_{12} = \text{Mantém}$$
$$S_{22} = \text{Reduz}$$
$$S_{21} = \text{Reduz}$$

Essa será a representação inicial desse jogo.

Antes de seguir para a representação de casos simples de jogos simultâneos, devemos observar que ainda existe mais uma diferenciação entre cada tipo de jogo: ele pode ser cooperativo ou não cooperativo.

Quando tratamos de jogos **cooperativos**, estamos investigando cenários em que os jogadores precisam trabalhar juntos para atingir um objetivo em comum: esse pode ser o caso do investimento em pesquisa, conforme as situações relatadas previamente. Quando tratamos de jogos **não cooperativos**, por sua vez, estamos investigando situações de conflito, como é o caso da indústria de alumínio.

PARA SABER MAIS

HEIN, N. et al. Utilização da estratégia pura da teoria dos jogos para determinação do preço de venda. **Revista Eletrônica de Estratégia & Negócios**, Florianópolis, v. 8, n. 3, p. 187-204, set./dez. 2015. Disponível em: <https://portaldeperiodicos.animaeducacao.com.br/index.php/EeN/article/view/2957>. Acesso em: 10 jan. 2023.

O professor Nelson Hein, da Universidade Regional de Blumenau (Furb), orientou vários mestrandos e doutorandos na aplicação da teoria dos jogos em casos reais. Um desses materiais foi publicado pela *Revista Eletrônica de Estratégia & Negócios* e tratou da determinação do preço de venda ideal para uma empresa hoteleira. A proposta consistiu em um estudo de caso que utilizou a teoria dos jogos para escolher a melhor opção diante dos preços da concorrência.

Exemplificando

1) Para esclarecer melhor a modelagem de uma situação simples, vejamos uma situação que Santos (2016, p. 17) apresenta como o problema do "Caldeirão de ouro".

Nesse desafio, existe um labirinto em que o jogador poderá encontrar, ao término do percurso correto, um caldeirão cheio de ouro que o deixará rico. Convertido em reais, esse valor é equivalente a D.

Nesse cenário, caso o jogador vá em direção a uma das paredes, o jogo acabará, talvez por causa de alguma morte incerta. Observe, na figura a seguir, os caminhos possíveis.

Figura 2.1 – Caldeirão de ouro ao término do labirinto

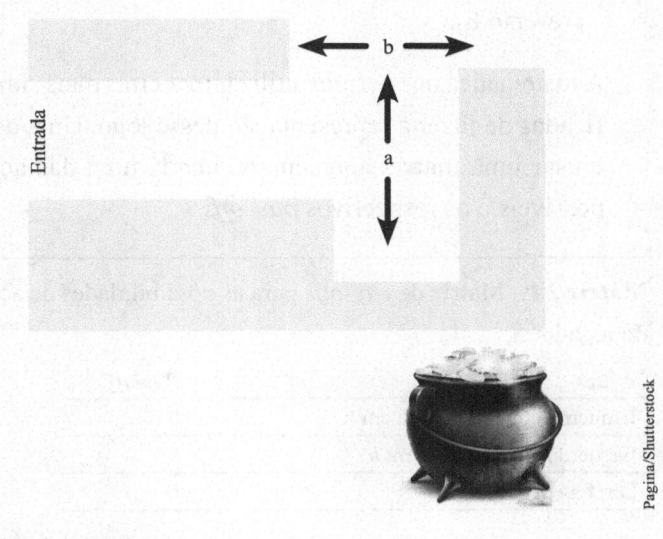

Fonte: Santos, 2016, p. 17.

Se o jogador for racional, irá na direção do caldeirão de ouro. Perceba que o jogador tem três opções distintas. Entrando no labirinto, ele verá uma ramificação e deverá seguir à sua direita ou à sua esquerda. Escolhendo o lado direito, conseguirá o prêmio em ouro. Escolhendo o lado esquerdo, haverá outra ramificação, mas ambas as escolhas o levarão à morte certa. As opções do jogador A são:

- escolher a esquerda na primeira bifurcação e a esquerda na segunda bifurcação, o que o levará à morte certa – podemos chamar esse evento de E_1;
- escolher a esquerda na primeira bifurcação, mas a direita na segunda bifurcação, o que não o livrará da morte certa – esse será o evento E_2;
- escolher a direita logo na primeira bifurcação, o que o levará ao caldeirão de ouro – esse, agora, será o evento E_3.

A matemática nos permite utilizar maneiras mais simplificadas de fazer a representação desse jogo. Uma delas é usar uma matriz apresentando cada uma das ações possíveis e os respectivos *pay-offs*.

Matriz 2.1 – Matriz de *pay-offs* para as possibilidades de ação do jogador A

Ação	Pay-off
Esquerda em a, esquerda em b	0
Esquerda em a, direita em b	0
Direita em a	D

Note, em primeiro lugar, que decidimos especificar um resultado nulo para o caso da morte do jogador. Esse valor é arbitrário, sendo que alguns modelos desse jogo poderiam escolher $-\infty$ para esse resultado, ou qualquer outro valor que numere o fim encontrado. Perceba também que essa visualização ainda não está simplificada o suficiente. Por isso, podemos escrever a matriz a seguir.

Matriz 2.2 – Matriz de *pay-offs* mais simplificada para as possibilidades de ação do jogador A

Ação	Pay-offs
E_1	0
E_2	0
E_3	D

Observe, mais uma vez, que essa representação é a **forma normal** desse jogo.

2) Para compreendermos uma modelagem simples de um jogo muito comum, podemos verificar como fica a construção da matriz de *pay-offs* do jogo par ou ímpar. Nesse caso, precisamos informar quantos jogadores são. Então, temos:

$$I = \{1, 2\}$$

em que $i = 1$ representa o primeiro jogador e $i = 2$ representa o segundo jogador. Além disso, temos de levantar as estratégias de cada um. Afinal, eles podem jogar {PAR} ou {ÍMPAR}. Isso forma o espaço de estratégias dos dois jogadores, que, nesse caso, são iguais:

$$S_1 = S_2 = \{par, ímpar\}$$

A partir daqui, podemos definir quais são os resultados possíveis, indicados pela função recompensa. Assim, temos as seguintes possibilidades para o jogador $i = 1$:

$$u_1(par, par) = u_1\{ímpar, ímpar\} = 10$$

$$u_1\{par, ímpar\} = u_1\{ímpar, par\} = 0$$

Perceba que, escrevendo o problema dessa forma, caso o resultado seja {par}, isto é, {par, par} ou {ímpar, ímpar}, o jogador 1 ganha. Concluímos, então, que o jogador 1 escolheu {par} de entrada. Desse modo, o jogador 2 escolheu {ímpar}, visto que ele se beneficia nos resultados {par, ímpar} e {ímpar, par}. Sua função recompensa é u_2, tal que:

$$u_2(par, par) = u_1\{ímpar, ímpar\} = 0$$

$$u_2\{par, ímpar\} = u_2\{ímpar, par\} = 10$$

É com esse levantamento de todos os resultados possíveis que escrevemos a matriz de *pay-offs* desse jogo.

Matriz 2.3 – Matriz de *pay-offs* do jogo "par ou ímpar"

Jogador 1	Jogador 2	
	Par	Ímpar
Par	(10, 0)	(0, 10)
Ímpar	(0, 10)	(10, 0)

Essa representação, também conhecida como **forma normal**, mostra todas as possibilidades e os resultados associados para cada jogador que podem ser obtidos nesse jogo.

2.3 Jogos simultâneos

O QUE É

Quando se trata de jogos simultâneos, os casos envolvem jogadas que são realizadas ao mesmo tempo.

Santos (2016, p. 35-36) aponta que esse tipo de jogo se constitui em um jogo de informação imperfeita:

> Se os jogadores, em um processo de interação estratégica (jogo), decidem não sabendo quais foram as decisões dos seus adversários, então temos um jogo de informação imperfeita, independente destas decisões ocorrerem em momentos temporais distintos, este é um jogo simultâneo e tais jamais podem ser de informação completa, pois cada jogador efetua sua jogada sem o conhecimento prévio do que o outro jogou.

EXEMPLIFICANDO

1) Um fazendeiro decide levar seus animais às feiras locais com o objetivo de vendê-los. Como nesses locais há a presença de vários outros fazendeiros com o mesmo objetivo, trata-se de um jogo claro, visto que configura uma interação estratégica. Entretanto, a decisão da quantidade de animais que será levada é realizada individualmente pelos fazendeiros antes da viagem. Além disso, como existe um custo enorme com deslocamento, perda de peso, desidratação e contágio, cada fazendeiro

precisa fazer de tudo para vender seus animais, até mesmo baixar o preço do produto. Perceba que, nesse caso, cada um dos fazendeiros decidiu previamente sobre a quantidade de animais que seriam transportados, **sem que cada um soubesse da intenção do outro**.

2) Outro caso são as empresas que competem numa licitação com contrato para a venda, por exemplo, de produtos químicos. Como sabemos, a própria Constituição brasileira descreve regras sobre os processos de licitação, especialmente para que o procedimento seja competitivo e certas empresas evitem adulterar seus preços, realizando negociações prévias, com o objetivo de obter vantagem com o resultado do certame. Porém, agindo fora da lei, as empresas participantes combinam quem será a vencedora da seleção, recebendo, em troca, algum tipo de vantagem ou benefício. De qualquer forma, quando o processo ocorre de maneira correta, cada um dos competidores não tem nenhuma informação sobre o preço que os demais vão colocar em seus contratos. Assim, esse também é considerado um jogo simultâneo.

Mesmo levando em conta esses casos, não podemos ser tão precisos quanto ao conceito de simultaneidade. Afinal, sabemos que quase nenhum jogo é realmente considerado simultâneo, no sentido de que os jogadores tomem suas decisões ao mesmo tempo. Por isso, na teoria dos jogos, os jogos simultâneos têm como implicação o fato de serem aqueles nos quais nenhum dos jogadores conhece previamente o que os outros vão fazer.

QUESTÃO PARA REFLEXÃO

Você aprendeu que os jogos simultâneos têm como implicação o fato de que os jogadores não têm conhecimento da jogada dos outros competidores. Além do caso do processo de licitação ou da venda de animais em feiras, quais outros exemplos de atividades consideradas como jogos simultâneos você poderia citar?

EXEMPLIFICANDO

Vamos relembrar o caso da empresa de aparelhos celulares que precisa decidir entre cooperar ou não com seus concorrentes no desenvolvimento de uma nova tecnologia. Embora haja vária companhias envolvidas, podemos considerar apenas dois jogadores: a empresa e seus concorrentes. Então:

$$G = \{empresa, concorrentes\}$$

As estratégias de cada jogador são cooperar ou não cooperar. Na matriz de *pay-offs*, você vai representar os resultados das diferentes combinações.

Matriz 2.4 – Matriz de *pay-offs* da escolha entre {cooperar} e {não cooperar} da empresa e dos concorrentes

Empresa	Concorrentes	
	Cooperar	Não cooperar
Cooperar	(20, 20)	(–10, 0)
Não cooperar	(0, –10)	(10, 10)

Vejamos o que ocorre em cada um dos casos. Os números, resultados de cada jogada, foram escolhidos de forma arbitrária para realizar certa pontuação. A escolha dos valores será discutida no próximo capítulo, mas podemos interpretar esses dados agora. Quando tanto a empresa quanto seu concorrente decidem cooperar, ambos podem aproveitar o desenvolvimento da pesquisa e obter um lucro de 20 milhões de reais. Quando nenhum dos jogadores decide cooperar, ambos continuam lucrando, porém apenas 10 milhões de reais. Contudo, a matriz de *pay-offs* indica que, se uma das empresas decide não cooperar e a outra decide cooperar, os custos de pesquisa são absorvidos por uma delas, acarretando um prejuízo de 10 milhões de reais. Claro que não estamos discutindo como chegamos a tais valores. Neste momento do estudo, você deve apenas compreender como realizar a leitura de cada um dos possíveis resultados.

2.4 Jogos sequenciais

No caso de jogos sequenciais, utilizamos outro tipo de representação: a árvore de decisões ou a forma estendida.

O QUE É

Nos jogos sequenciais, cada jogador faz sua jogada depois de tomar conhecimento da jogada dos outros jogadores.

EXEMPLIFICANDO

1) Suponha que você decide expandir sua indústria da área de papel iniciando as vendas numa nova região em que outras empresas já realizam esse tipo de negócio. Esse caso pode ser considerado um jogo sequencial justamente porque sua empresa está tomando uma decisão de forma sucessiva.

2) Ainda considerando sua indústria da área de papel, suponha que você decide aumentar sua capacidade, adquirindo novos maquinários e formalizando contratos com novos fornecedores. Como você observou a capacidade de seus concorrentes, esse exemplo também pode ser considerado um jogo sequencial.

QUESTÃO PARA REFLEXÃO

Você aprendeu que jogos sequenciais têm como implicação o fato de os jogadores conhecerem as jogadas prévias dos demais competidores. Além do caso da indústria de papel, quais outros exemplos de atividades consideradas como jogos sequenciais você poderia citar?

Assim como no caso dos jogos simultâneos, não devemos ser tão precisos em relação ao momento **temporal** de cada jogada. Como consequência, analisamos os jogos sequenciais como aqueles em que os jogadores têm conhecimento das jogadas anteriores dos demais. As árvores de decisões que vamos utilizar representam, então, o conhecimento da decisão de cada jogador.

EXEMPLIFICANDO

Voltemos à análise do processo de *dumping* no conflito pela indústria de alumínio entre o governo dos Estados Unidos e os demais países. Antes das taxas de importação impostas pelo governo americano, as empresas desse país estavam lidando com um jogo sequencial, o qual pode ser representado por uma árvore de decisões. Veja que as empresas estrangeiras (A) tomavam uma decisão, reduzindo ou não seu preço. Depois disso, as empresas americanas (B) realizavam sua jogada: reduzindo o preço, caso decidissem acompanhar o mercado, ou mantendo o preço, caso acreditassem que as reduções das empresas estrangeiras não durariam por muito tempo. Nesse caso, temos a representação mostrada na figura a seguir.

Figura 2.2 – Árvore de decisões da situação de *dumping* entre a indústria de alumínio americana e a dos demais países.

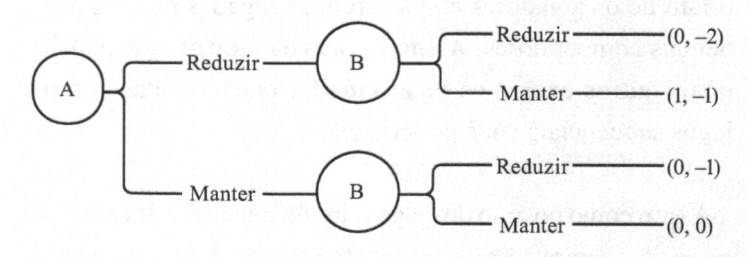

Assim como nos jogos simultâneos, podemos ler nessa representação o resultado do jogo. Novamente, os valores são ilustrativos. Nesse caso, se as empresas estrangeiras e as americanas reduzirem seu preço, o resultado será (0, –2), isto é, as empresas estrangeiras não terão prejuízo, em razão de seu custo operacional reduzido, mas as empresas americanas terão um prejuízo de 2 milhões de reais. Se as empresas estrangeiras reduzirem seu preço, mas as americanas o mantiverem, aquelas lucrarão 1 milhão de reais, por causa do aumento da demanda, ao passo que estas perderão 1 milhão de reais, pela diminuição da demanda. No caso em que as empresas estrangeiras mantiverem o mesmo preço, teremos duas situações: (1) se as empresas americanas reduzirem seu preço, as empresas estrangeiras não terão lucro nem prejuízo, somente aquelas terão um prejuízo de 1 milhão de reais, em virtude da venda abaixo do custo; (2) se as empresas americanas decidirem manter o preço, elas e as demais continuarão na mesma situação.

Nesse exemplo, devemos pontuar as regras que devem ser respeitadas na construção das árvores de decisões:

- Os nós só podem ser precedidos por um único outro nó.
- Um nó não pode ter uma decisão que o conecte a ele mesmo.
- Os nós sucedem um único nó inicial.

Observe que você pode analisar as árvores de decisões para verificar o que está acontecendo em cada um dos casos e o que isso implica na análise. Na primeira regra, os nós precisam ser precedidos por apenas um único nó. Quando isso não acontecer, teremos uma árvore similar à da figura a seguir.

Figura 2.3 – Árvore de decisões genérica apresentando falha na primeira regra: "Os nós só podem ser precedidos por um único nó"

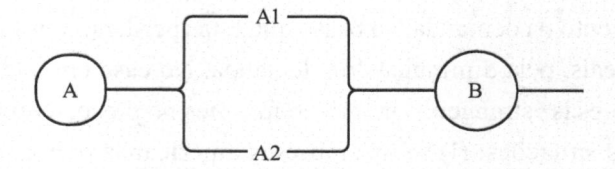

Nesse exemplo, você precisa identificar que há um problema: independentemente da decisão de *A*, *B* tomará sua decisão. Dessa forma, essa árvore não está representando uma interação estratégica, ou seja, não se trata de um jogo.

Na segunda regra, um nó não pode apresentar uma decisão que o ligue a ele mesmo. Quando isso não acontece, a árvore aparece da forma mostrada na figura a seguir.

Figura 2.4 – Árvore de decisões genérica apresentando falha na segunda regra: "Um nó não pode ter uma decisão que o conecte a ele mesmo"

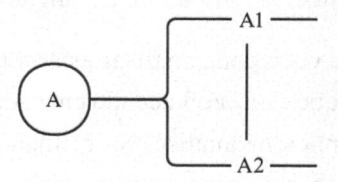

Nesse exemplo, a linha vertical está apontando uma decisão circular que não indica qual é a decisão que será tomada antes.

No terceiro caso, a regra é que os nós devem suceder apenas um nó inicial. Quando isso não acontece, temos uma árvore como a da figura a seguir.

Figura 2.5 – Árvore de decisões genérica apresentando falha na terceira regra: "Os nós sucedem um único nó inicial"

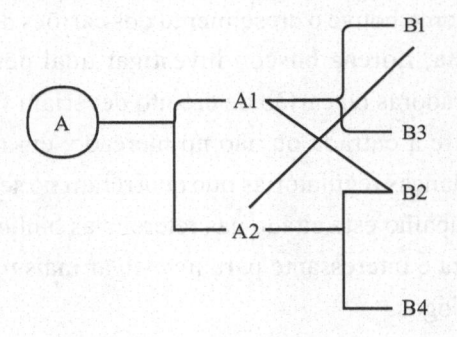

Com essas ferramentas, usadas para jogos sequenciais ou simultâneos, cooperativos ou não, poderemos, a partir do próximo capítulo, tratar das primeiras modelagens.

Para saber mais

LORENA, J. F. V. **Teoria dos jogos**: estudo de caso no mercado brasileiro de adquirência. 55 f. Dissertação (Mestrado em Administração) – Insper Instituto de Ensino e Pesquisa, São Paulo, 2019. Disponível em: <https://repositorio.insper.edu.br/bitstream/11224/2706/3/Jo%C3%A3o%20Felipe%20Vaz%20Lorena.pdf>. Acesso em: 10 jan. 2023.

Entre os tantos estudos de caso na área da teoria dos jogos, João Felipe Vaz Lorena aplicou os conhecimentos sobre o assunto para estudar o mercado brasileiro de adquirência, isto é, o mercado de maquininhas de cartões. O objetivo do autor foi analisar o que aconteceu nos últimos anos na indústria dos meios de pagamento, examinando, especificamente, como houve o crescimento dos cartões de crédito. Na proposta, Lorena buscou investigar qual pesquisa as novas operadoras de cartão de crédito deveriam fazer para decidir entre a entrada ou não no mercado, em razão das várias mudanças regulatórias que ocorreram no setor desde 2006. O trabalho está citado nas referências bibliográficas, e sua leitura é interessante para investigar mais um uso da teoria dos jogos.

O DOMÍNIO das cervejas geladas. **Gigantes dos alimentos**. Coral Gables, Estados Unidos: The History Channel, 2019-. Programa de televisão. 42 min.

O canal The History Channel produziu uma série interessante sobre a competição entre empresas. Como exemplo, procure assistir ao episódio 22 da terceira temporada (T3:E22), relativo à competição das cervejas.

Síntese

Neste capítulo, analisamos a aplicação de jogos nas áreas de economia e administração, verificando como realizar, matematicamente, a modelagem de um jogo e a diferenciação entre jogos simultâneos e sequenciais.

Na seção "**Aplicação dos jogos em economia e administração**", mostramos que:

- o cenário de guerra de preços entre diferentes empresas do mesmo ramo pode ser modelado pela teoria dos jogos;
- os contextos de cooperação em pesquisa e desenvolvimento também podem ser modelados de forma adequada pela teoria dos jogos;
- as situações envolvendo *dumping* entre as empresas também têm conclusões que podem ser extraídas dessa modelagem;
- os principais casos de modelagem de sucesso envolvem circunstâncias de tomadas de decisão.

Na seção "**Modelagem de um jogo**", vimos que:

- tanto os jogadores quanto as estratégias, como os perfis de estratégias puras, podem ser representados por um vetor para cada caso específico;
- o espaço da estratégia pura é compreendido como o produto das estratégias possíveis;
- a função utilidade leva elementos do conjunto do espaço da estratégia pura para o conjunto dos números reais, em que tal imagem representa os resultados esperados diante de determinada combinação de estratégias.

Na seção "**Jogos simultâneos**", verificamos que:

- os jogos simultâneos são aqueles nos quais, na teoria, as jogadas são realizadas ao mesmo tempo;

- os jogos simultâneos são aqueles nos quais, na prática, nenhum dos jogadores conhece previamente o que os outros vão fazer;
- podemos considerar como exemplos dois casos modelados como jogos simultâneos: (1) o de um fazendeiro vendendo animais na feira sem saber a quantidade que os demais feirantes vão levar e (2) o cenário de contratos de licitação;
- a modelagem matemática mais adequada para a maior quantidade de casos de jogos simultâneos é a da representação matricial.

Na seção "**Jogos sequenciais**", observamos que:

- os jogos sequenciais são aqueles nos quais, na teoria, cada jogador faz sua jogada depois de tomar conhecimento da jogada dos demais;
- os jogos sequenciais são aqueles nos quais, na prática, os jogadores conhecem as jogadas prévias dos demais;
- um caso interessante para ser modelado como jogo sequencial é o cenário da indústria de papel;
- a modelagem matemática mais adequada para a maior quantidade de casos de jogos sequenciais é a da representação em árvore de decisões;
- nas árvores de decisões, um nó não pode apresentar uma decisão que o ligue a ele mesmo;
- nas árvores de decisões, os nós devem suceder apenas um nó inicial;
- nas árvores de decisões, os nós são precedidos por apenas um único nó.

Como síntese deste capítulo, apresentamos os mapas mentais a seguir, que podem ajudá-lo a relembrar os tópicos discutidos. Também fica o convite para que você desenvolva seus próprios mapas mentais para fixar os conteúdos estudados.

Figura 2.6 – Mapa mental representando os conhecimentos aprendidos na seção "Aplicação dos jogos em economia e administração"

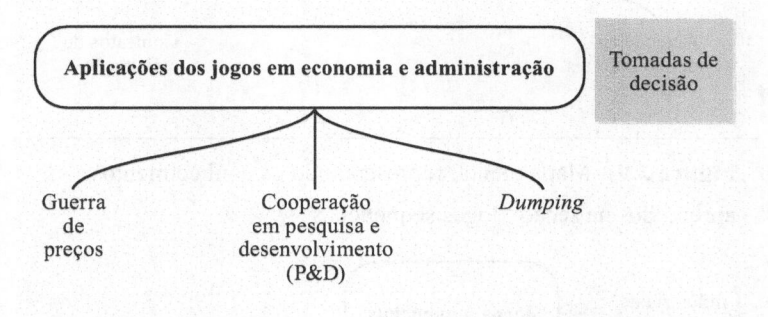

Figura 2.7 – Mapa mental representando os conhecimentos aprendidos na seção "Modelagem de um jogo"

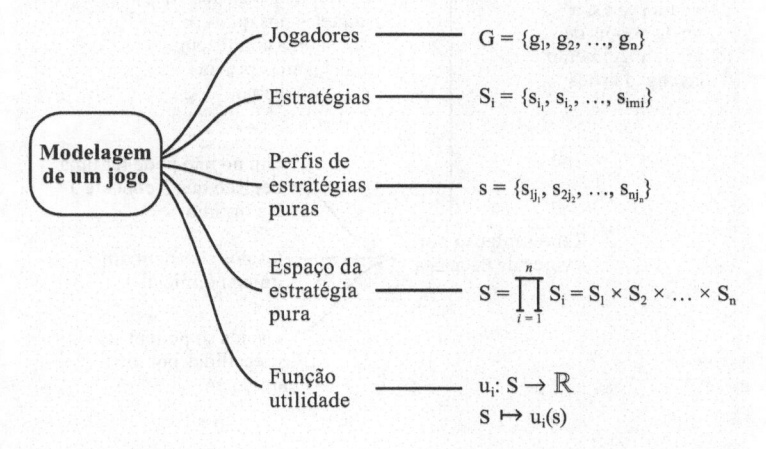

Figura 2.8 – Mapa mental representando os conhecimentos aprendidos na seção "Jogos simultâneos"

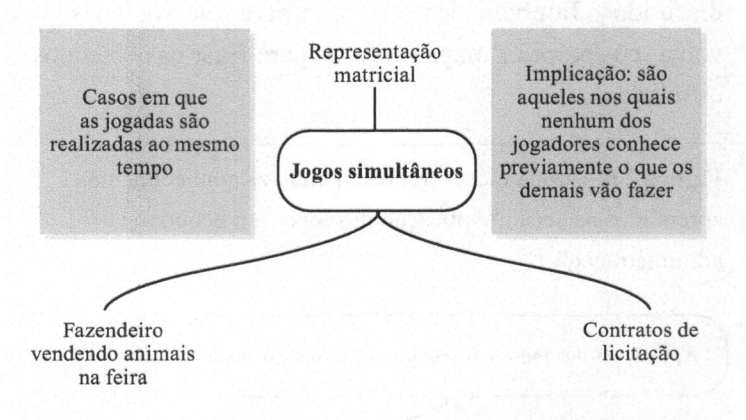

Figura 2.9 – Mapa mental representando os conhecimentos aprendidos na seção "Jogos sequenciais"

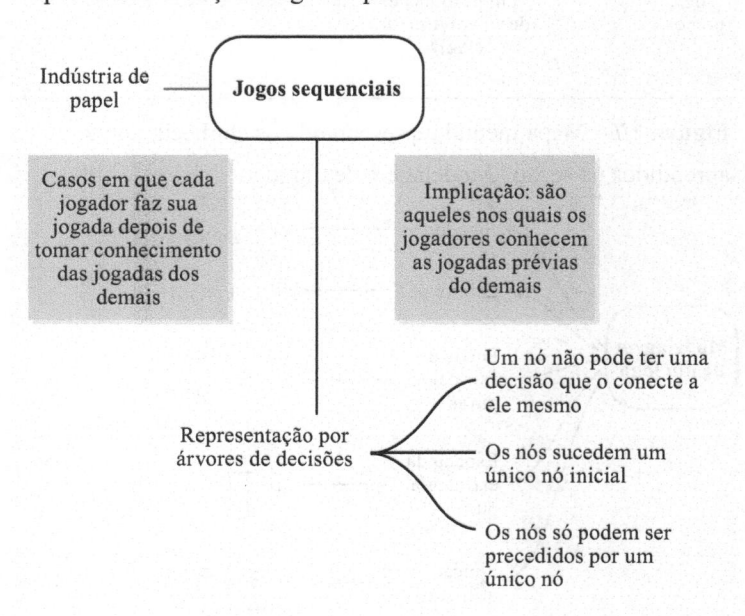

Questões para revisão

1) Ao longo deste capítulo, nas questões para reflexão, solicitamos que você citasse exemplos de jogos simultâneos. Utilize a matriz de *pay-offs* para escrever a modelagem de um desses jogos.

2) Também pedimos que você citasse exemplos de jogos sequenciais. Utilize a árvore de decisões para escrever a modelagem de um desses jogo.

3) Você, como gerente de uma empresa de automóveis, decide conquistar mais espaço no mercado e, para isso, precisa tomar uma destas duas decisões: (1) modernizar seus automóveis, concedendo mais conforto aos consumidores, ou (2) reduzir suas tarifas para ampliar a demanda por seus automóveis. Considerando essa situação, analise as afirmativas e marque com V as verdadeiras e com F as falsas.

( ) Os jogadores desse jogo são sua empresa e seus concorrentes.

( ) O objetivo desse jogo é eliminar seu concorrente.

( ) As estratégias possíveis são modernizar automóveis ou reduzir tarifas.

( ) Os *pay-offs* desse jogo representam a quantidade de carros adquiridos ou modernizados.

Assinale a alternativa que apresenta a sequência correta:

a. V, F, V, F.
b. V, V, V, F.
c. F, F, V, V.

4) Duas empresas farmacêuticas, uma local e outra externa, brigam pelo mercado de um região. Por atuar de forma discreta, a empresa externa consegue instalar lojas na área sem o conhecimento da empresa local. Ao tomar conhecimento do movimento daquela, esta pode tomar uma de duas decisões: (1) reduzir seus preços ou (2) realizar uma campanha publicitária. Considerando essa situação, analise as afirmativas e marque com V as verdadeiras e com F as falsas.

( ) Os jogadores desse jogo são a empresa local e a empresa externa.

( ) O objetivo desse jogo é aumentar a fatia de mercado.

( ) As estratégias possíveis de cada empresa são reduzir preços ou realizar uma campanha publicitária.

( ) Esse jogo é do tipo simultâneo.

Assinale a alternativa que apresenta a sequência correta:

a. V, F, F, V.
b. V, V, F, F.
c. F, V, V, F.
d. V, V, V, F

5) Considere a seguinte matriz de *pay-offs* de um jogo que tem dois jogadores, com duas estratégias cada.

Empresa	Concorrentes	
	Reduzir preços	Aumentar a qualidade
Reduzir preços	(–1, –1)	(2, 0)
Aumentar a qualidade	(0, 2)	(1, 1)

Com base na intepretação dessa matriz, assinale a alternativa correta:

a. Se as duas empresas decidirem reduzir seus preços, ambas sairão com prejuízo.
b. Se as duas empresas decidirem aumentar a qualidade, ambas sairão com prejuízo.
c. Se uma das empresas decidir reduzir seus preços e a outra decidir, aumentar a qualidade, uma delas terá lucro e a outra terá prejuízo.

Conteúdos do capítulo:

- A Batalha do Mar de Bismarck.
- Estratégia dominante.
- Equilíbrio de Nash.
- O dilema dos prisioneiros.
- A batalha dos sexos e a conta do bar.

Após o estudo deste capítulo, você será capaz de:

1. compreender um caso real de uso da teoria dos jogos ocorrido durante a Segunda Guerra Mundial: a Batalha do Mar de Bismark;
2. identificar o resultado de jogos que contêm estratégias puras dominantes;
3. determinar o critério do equilíbrio de Nash para investigar o resultado de certos jogos;
4. investigar as características e as soluções do jogo "O dilema dos prisioneiros";
5. reconhecer as características e as soluções dos jogos "A batalha dos sexos" e "A conta do bar".

3

Equilíbrio de Nash

Com os estudos dos capítulos anteriores, você foi capaz de reconhecer a importância da teoria dos jogos, especialmente para ajudar os jogadores a tomar as melhores decisões. Entretanto, ainda existem desafios relacionados à forma de descrever uma situação real a fim de prevermos as melhores escolhas. Assim, neste capítulo, analisaremos duas ferramentas que nos permitem investigar uma grande variedade de jogos: os jogos de estratégias puras dominantes e o equilíbrio de Nash. Também faremos a descrição de dois jogos simples e apresentaremos generalizações desses casos que surgem em problemas reais.

3.1 A Batalha do Mar de Bismarck

Ronaldo Fiani (2015) comenta, em seu livro sobre a teoria dos jogos, um exemplo real que mostra a importância dessa área nas tomadas de decisão coerentes: a Batalha do Mar de Bismarck, que ocorreu na Segunda Guerra Mundial. Em 1942, o comando de guerra japonês decidiu realizar uma transferência de tropa saindo da China e do Japão para chegar à Nova Guiné. Observe, no mapa a seguir, as rotas adotadas e o formato da região.

Figura 3.1 – Batalha do Mar de Bismarck

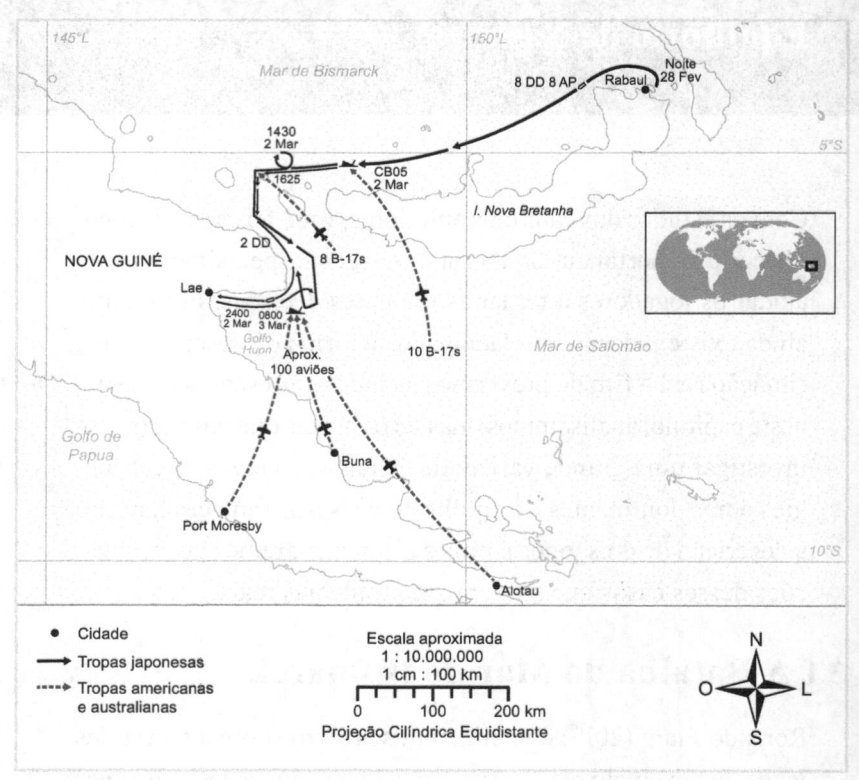

Fonte: Elaborado com base em MacArthur, 1994.

Na época, os japoneses eram obrigados a fazer essa movimentação pelo mar, mas essa operação apresentava um risco enorme: a força aérea aliada na área era muito poderosa. Em seu livro, Fiani (2015) explica que os japoneses poderiam fazer duas rotas distintas: ir pelo sul de Papua Nova Guiné, região em que a previsão do tempo era excelente, garantindo uma ótima visibilidade, ou seguir pelo norte, em que o tempo estava péssimo e com baixa visibilidade. Viajando pelo norte ou pelo sul, a tropa japonesa levaria três dias para realizar a ação.

Sabendo da possível movimentação das tropas japonesas, as forças armadas tinham como objetivo dizimá-las, mas, para isso, elas precisavam encontrar as tropas inimigas com o uso de aviões de reconhecimento, o que levaria um dia inteiro, para, então, iniciar o bombardeio. Além disso, sendo escolhida a rota norte, haveria o atraso de um dia, dada a baixa visibilidade. Sem saber o caminho decidido pelos japoneses, o que os aliados deveriam fazer? Observe que, por se tratar de um jogo simultâneo, visto que cada jogador não conhece a decisão tomada pelo outro, podemos construir a matriz de *pay-offs* para analisar esse caso, com mostrado na figura a seguir.

Matriz 3.1 – Matriz de *pay-offs* da disputa pelo Mar de Bismarck, entre as forças aliadas e as tropas japonesas

Forças aliadas	Tropas japonesas	
	Rota sul	Rota norte
Buscar pela rota sul no primeiro dia	Três dias de bombardeio	Um dia de bombardeio
Buscar pela rota norte no primeiro dia	Dois dias de bombardeio	Dois dias de bombardeio

Assim, chegamos à quantidade de bombardeios restantes realizando a contagem. Se as tropas japonesas decidissem ir pela rota sul, os aliados iniciariam a busca também pela rota sul, podendo utilizar os três dias da viagem bombardeando os japoneses. Entretanto, se os aliados decidissem iniciar a busca pela rota errada, nesse caso, a rota norte, perderiam um dia fazendo uma busca equivocada e iniciariam os bombardeios no dia seguinte, totalizando dois dias de ataques.

Agora, se os japoneses decidissem ir pela rota norte, teríamos dois casos possíveis. No primeiro, os aliados poderiam iniciar as buscas pela rota sul. Desse modo, como iniciaram a busca pela rota errada, perderiam um dia de reconhecimento e, em razão do mau tempo, perderiam outro dia para realizar o bombardeio, restando apenas um dia de ataque. No segundo, iniciando a busca pela rota certa, ainda assim os aliados não poderiam iniciar o ataque imediatamente, por causa do mau tempo. Então, sobrariam dois dias de bombardeio.

QUESTÃO PARA REFLEXÃO

Você aprendeu que a Batalha do Mar de Bismarck foi um caso real cuja melhor solução se beneficia de um estudo das técnicas trabalhadas na teoria dos jogos. Cite e discuta com seus colegas outros casos reais que configuram disputas que podem ser modeladas com a teoria dos jogos.

PARA SABER MAIS

A BRUTAL aniquilação do comboio japonês na Batalha do Mar de Bismarck. 1 vídeo. 6 min. Disponível em: <https://youtu.be/f7XaBuYbgYk>. Acesso em: 10 jan. 2023.
A história nos mostra que tanto os japoneses quanto os aliados escolheram a rota norte, de forma que o bombardeio já se iniciou no primeiro dia. Essa foi uma das principais aniquilações ocorridas na Segunda Guerra Mundial. No caso de haver interesse nessa temática, recomendamos leituras e documentários próprios, como o reproduzido no *link* indicado.

3.2 Estratégia dominante

Na Batalha do Mar de Bismarck, os aliados tomaram a melhor decisão estratégica, visto que se tratava de um jogo em que apenas um dos jogadores tinha uma estratégia dominante.

Na teoria dos jogos, assumimos uma estratégia dominante, como aquela que paga o maior *pay-off* entre todas as estratégias de um jogador, independentemente das estratégias assumidas pelos outros envolvidos. Nesse caso, consideramos essa estratégia como aquela que levará o jogador ao melhor resultado possível.

Veja que realizamos essa análise considerando todas as estratégias possíveis e os respectivos *pay-offs*. Então, se $S_2^j \in S_i$ representa uma das estratégias puras do jogador j, podemos afirmar que ela será **estritamente dominada** pela estratégia $S_1^j \in S_i$ se:

$$u_1^j\left(S_i^j, \ldots, S_n^j\right) > u_2^j\left(S_2^j, \ldots, S_n^j\right)$$

Isso vale para toda estratégia i do jogador j. Lembre-se de que u representa o resultado da função recompensa tendo em vista uma determinada combinação de estratégias. Havendo pelo menos um caso em que o *pay-off* é igual, estamos tratando de uma estratégia pura **fracamente dominada**. Nesse caso, temos:

$$u_1^j\left(S_i^j, \ldots, S_n^j\right) \geq u_2^j\left(S_2^j, \ldots, S_n^j\right)$$

Perceba, então, que a estratégia é considerada fracamente dominada quando paga um *pay-off* pelo menos tão bom quanto outra estratégia que o jogador pode assumir, independentemente da estratégia adotada por todos os outros jogadores. Além disso, paga um *pay-off* maior do que o de cada estratégia alternativa para, pelo menos, uma combinação qualquer de estratégias adotadas pelos demais jogadores.

No caso da Batalha do Mar de Bismarck, os aliados deveriam iniciar a busca pela rota norte, tal como fizeram. Perceba que a melhor decisão que eles poderiam tomar dependia da escolha japonesa – nesse caso, do ponto de vista dos japoneses, sua melhor escolha era a rota norte: tanto se os aliados escolhessem a rota sul quanto se escolhessem a rota norte. A observação da matriz de *pay-offs* é suficiente para concluir esse exemplo de estratégia fracamente dominada.

EXEMPLIFICANDO

1) Vejamos um caso de estratégia estritamente dominante e seu resultado. Você vai perceber que um requisito para utilizar esse tipo de solução é dispor das informações completas acerca do jogo, além de se tratar de um jogo estático, isto é, que não sofre modificação ao longo do tempo.

Em meados de 2012, o mercado brasileiro de sorvetes começou a passar por uma intensa revolução: foi a chegada das famosas paletas mexicanas, ofertadas pela empresa Los Paleteros, que começaram a ser comercializadas e a ocupar o espaço de outros produtos próximos, como os picolés e os *buffets* de sorvetes. Como a empresa acabou ingressando num mercado altamente rentável, sabia que outros empreendimentos acabariam por fornecer o mesmo produto, de forma que, para se defender, poderia escolher aumentar ou não seus gastos com publicidade. No início de 2013, os idealizadores da empresa concorrente, a Mexileta, estavam decidindo se lançariam seu produto concorrente ou não.

Para essa situação, construímos uma matriz de *pay-offs* fictícia para representar os resultados, em milhões, desse jogo, considerando cada ação possível de cada empresa.

Matriz 3.2 – Matriz de *pay-offs* entre as empresas Mexileta e Los Paleteros com o resultado, em milhões de reais, das diferentes decisões

Mexileta	Los Paleteros	
	Aumentar os gastos com publicidade	Não aumentar os gastos com publicidade
Lançar o produto concorrente	(5, 5)	(7, 3)
Não lançar o produto concorrente	(2, 4)	(2, 7)

Vamos analisar as situações possíveis do ponto de vista dos idealizadores da Mexileta. Caso a empresa Los Paleteros decidisse aumentar os gastos com publicidade, lançando o produto concorrente, a Mexileta lucraria 5 milhões de reais, mas se aquela empresa mantivesse apenas a venda dos produtos antigos, esta lucraria apenas 2 milhões de reais. Entretanto, se a empresa Los Paleteros decidisse não aumentar os gastos com publicidade, a Mexileta lucraria 7 milhões de reais se lançasse o produto e os mesmos 2 milhões de reais se não o lançasse.

Vejamos com cuidado os casos possíveis para essa situação. Independentemente da decisão tomada pela empresa Los Paleteros de aumentar ou não seus gastos com publicidade, a melhor escolha que a Mexileta poderia fazer é lançar seu produto concorrente. Esse cenário representa um caso de estratégia estritamente dominante. Em termos próprios, podemos afirmar:

- A estratégia {lançar o produto concorrente} **domina** a estratégia {não lançar o produto concorrente}.
- A empresa Mexileta tem uma **estratégia dominante**: {lançar o produto concorrente}.
- A estratégia {não lançar o produto concorrente} é **dominada** pela estratégia {lançar o produto concorrente}.

2) Como estamos tratando de dados fictícios, vamos representar uma nova matriz de *pay-offs* do mesmo problema para analisar um caso de estratégia fracamente dominante.

Matriz 3.3 – Matriz de *pay-offs* entre as empresas Mexileta e Los Paleteros com dados atualizados

Mexileta	Los Paleteros	
	Aumentar os gastos com publicidade	Não aumentar os gastos com publicidade
Lançar o produto concorrente	(2, 5)	(7, 3)
Não lançar o produto concorrente	(2, 4)	(2, 7)

Nesse cenário, você pode observar que a única mudança ocorreu no resultado que a Mexileta vai receber quando decidir lançar o produto concorrente, dado que a empresa Los Paleteros decidiu aumentar seus gastos com publicidade. No exemplo anterior, a empresa lucrava 5 milhões de reais, mas agora passa a lucrar apenas 2 milhões de reais.

Perceba que, se a empresa Los Paleteros não aumentar os gastos com publicidade, lançar o produto concorrente continuará sendo a melhor opção para a Mexileta. Agora, se decidir aumentar os gastos com publicidade, lançar o produto concorrente será tão bom quanto não lançá-lo. Nesse caso, podemos afirmar:

- A estratégia {não lançar o produto concorrente} é **fracamente dominante** sobre a estratégia {lançar o produto concorrente}.

- A estratégia {lançar o produto concorrente} é **fracamente dominada** pela estratégia {não lançar o produto concorrente}.

Você deve estar percebendo que o uso de exemplos simples nos permite adquirir familiaridade com cada uma das soluções e dos métodos propostos pela teoria dos jogos. Mesmo essa análise das estratégias estritamente dominadas pode nos ajudar em casos mais complexos, como veremos a seguir.

Exemplificando

Vamos considerar, novamente, o caso das empresas concorrentes do ramo das paletas mexicanas. No entanto, agora, cada empresa tem três opções, descritas pela matriz de *pay-offs* mostrada na figura a seguir.

Matriz 3.4 – Matriz de *pay-offs* entre as empresas Mexileta e Los Paleteros com opções extras para investigar a formação de estratégias dominantes e dominadas

Mexileta	Los Paleteros		
	Aumentar os gastos com publicidade	Não aumentar os gastos com publicidade	Reduzir os preços
Lançar o produto	(1, 4)	(4, 1)	(1, 3)
Importar o produto	(2, 2)	(2, 1)	(2, 3)
Não lançar o produto	(1, 1)	(0, 6)	(1, 0)

Agora, a terceira opção que a Mexileta tem é {importar o produto}, ao passo que {lançar o produto} indica que a empresa vai realizar sua própria produção. A terceira opção que a empresa Los Paleteros tem é {reduzir os preços}, podendo ainda escolher entre aumentar ou não seus gastos com publicidade. Os resultados de cada combinação de jogada são dados fictícios para podermos analisar a melhor estratégia para cada empresa.

Antes de tudo, note que a empresa Los Paleteros não tem uma estratégia dominante. Se lhe ocorresse {lançar o produto}, a melhor opção seria {aumentar os gastos com publicidade}; se lhe ocorresse {importar o produto}, a melhor opção seria {reduzir os preços}; por sua vez, se lhe ocorresse {não lançar o produto}, a melhor opção seria {não aumentar os gastos com publicidade}.

Quando realizamos uma leitura similar da empresa Mexileta, vemos que também não há uma estratégia dominante. Se lhe ocorresse {aumentar os gastos com publicidade}, a melhor opção seria {importar o produto}; se lhe ocorresse {não aumentar os gastos com publicidade}, a melhor opção seria {lançar o produto}; por sua vez, se lhe ocorresse {reduzir os preços}, a melhor opção seria {importar o produto}. Entretanto, mesmo não havendo uma estratégia dominante, observe que {não lançar o produto} é uma estratégia estritamente dominada por {importar o produto} e {lançar o produto}. Dessa forma, {não lançar o produto} sempre será a pior alternativa para a Mexileta. Como sabemos que essa empresa age racionalmente, veremos que essa não será uma opção que ela assumirá, o que significa que podemos eliminar essa opção de nossa matriz de *pay-offs*. Nesse caso, ficamos com uma matriz mais simplificada para analisar o resultado desse jogo.

Matriz 3.5 – Eliminação da estratégia dominada {não lançar o produto} da empresa Mexileta da matriz de *pay-offs* anterior

Mexileta	Los Paleteros		
	Aumentar os gastos com publicidade	Não aumentar os gastos com publicidade	Reduzir os preços
Lançar o produto	(1, 4)	(4, 1)	(1, 3)
Importar o produto	(2, 2)	(2, 1)	(2, 3)

Agora, podemos realizar uma operação similar para investigar se há outras opções piores para alguma das empresas. Você perceberá que, nesse cenário, a Mexileta não tem uma opção dominante. Contudo, se a jogada for {lançar o produto}, a melhor opção para a empresa Los Paleteros será {aumentar os gastos com publicidade}; se a jogada for {importar o produto}, a melhor opção será {reduzir os preços}. Independentemente da jogada da Mexileta, a opção {não aumentar os gastos com publicidade} sempre será dominada pelas outras estratégias. De forma similar, podemos reduzir, novamente, a matriz de *pay-offs*, obtendo a mostrada na figura a seguir.

Matriz 3.6 – Eliminação da estratégia dominada {não aumentar os gastos com publicidade} da empresa Los Paleteros da matriz de *pay-offs* anterior

Mexileta	Los Paleteros	
	Aumentar os gastos com publicidade	Reduzir os preços
Lançar o produto	(1, 4)	(1, 3)
Importar o produto	(2, 2)	(2, 3)

Aqui, podemos investigar, mais uma vez, se existe alguma estratégia estritamente dominada para alguma dessas empresas. É facilmente observável que a empresa Los Paleteros não tem uma estratégia dominante: o melhor resultado depende da decisão tomada pela Mexileta. Mas esta tem sua melhor estratégia: se optar por {aumentar os gastos com publicidade}, a melhor opção será {importar o produto}; se optar por {reduzir os preços}, a melhor opção também será {importar o produto}. Desse modo, a estratégia {importar o produto} é estritamente dominante sobre {lançar o produto}, e podemos eliminar essa opção, como mostra a matriz a seguir.

Matriz 3.7 – Eliminação da estratégia dominada {lançar o produto} da empresa Mexileta da matriz de *pay-offs* anterior

Mexileta	Los Paleteros	
	Aumentar os gastos com publicidade	Reduzir os preços
Importar o produto	(2, 2)	(2, 3)

Na nova matriz de *pay-offs*, podemos notar que resta à empresa Los Paleteros reduzir seus preços para atingir um *pay-off* maior do que se aumentasse seus gastos com publicidade.

Matriz 3.8 – Eliminação da estratégia dominada {aumentar os gastos com publicidade} da empresa Los Paleteros da matriz de *pay-offs* anterior

Mexileta	Los Paleteros
	Reduzir os preços
Importar o produto	(2, 3)

Agora, vemos que o resultado final do jogo é que a Mexileta optará por importar o produto, ao passo que a empresa Los Paleteros decidirá reduzir seus preços. Nesse caso, a primeira lucrará 2 milhões de reais, e a segunda, 3 milhões de reais.

Com base nesses exemplos, já podemos investigar as potencialidades e os limites de problemas de **equilíbrio em estratégias estritamente dominantes**. Essa é a característica desses jogos que discutimos previamente: cada um deles é **solucionável por dominância**, e cada uma das estratégias representadas pelas tantas matrizes de *pay-offs* são **racionalizáveis**. Como aponta Santos (2016, p. 123, grifos do original),

O método que desenvolvemos de progressivamente eliminarmos da forma estratégica de cada jogador as estratégias dominadas, é referenciado na literatura por *Eliminação Interativa de Estratégias Estritamente Dominadas*, e quando este processo encerra com apenas uma estratégia disponível para cada jogador o jogo é **Solucionável por Dominância**. Característica fundamental na eliminação interativa é que *estratégias, de um jogador, que a princípio não eram estritamente dominadas com o desenvolver da eliminação das estratégias dos outros jogadores podem tornar-se dominadas*. A solução por dominância, tem suporte nas suposições feitas sobre as escolhas dos jogadores, principalmente no que cada jogador sabe que os outros jogadores são racionais e cada jogador sabe que os outros sabem que ele sabe que os outros jogadores são racionais e assim por diante, ou seja, reafirma-se que a racionalidade dos jogadores é de conhecimento comum.

O QUE É

Como indica Fiani (2015, p. 88, grifo do original),

> Em teoria dos jogos, quando um fato é de **conhecimento comum**, isso significa que todos os jogadores sabem do fato, todos os jogadores sabem que todos os jogadores sabem do fato, todos os jogadores sabem que todos os jogadores sabem que todos os jogadores sabem do fato e assim por diante, infinitamente. Quando se supõe que a racionalidade dos jogadores é de conhecimento comum, diz-se que está sendo adotada a hipótese do **conhecimento comum da racionalidade (CCR)**.

Essa característica também classifica esses jogos como de informação completa, visto que todos os jogadores sabem a implicação das ações dos demais. No caso de jogadores racionais que têm conhecimento de todos os fatos, não faz sentido que determinado jogador i escolha uma estratégia s_i que é pior do que todas as outras. Isso porque, se ele tem outros motivos para escolher uma estratégia visivelmente pior, ou ele não é racional, ou o jogo não apresenta todas as informações necessárias para sua solução. Em ambos os casos, não podemos resolvê-lo com essa técnica.

QUESTÃO PARA REFLEXÃO

Você aprendeu que existem jogos que envolvem estratégias dominantes, isto é, estratégias que são melhores do que qualquer outra opção que um dos jogadores pode assumir. Além do caso envolvendo as empresas Mexileta e Los Paleteros, você poderia citar outros casos que apresentam esse tipo de estratégia?

EXEMPLIFICANDO

Considere o cenário de duas empresas que disputam o mercado de produção e comercialização de sacarina. As empresas, Saudavão e Saudavinho (nomes fictícios), têm produtos similares, afinal, a sacarina, uma substituta para o açúcar convencional, é considerada, em teoria econômica, um artigo homogêneo, isto é, não existe diferenciação significativa entre os modelos oferecidos pelos concorrentes.

As empresas também são muito similares em relação a suas capacidades e seus custos produtivos. A decisão que ambas precisam tomar é assumir um preço {alto} ou {baixo} ao lançar o produto no mercado. A matriz de *pay-offs* a seguir é nossa representação do que acontecerá conforme cada combinação possível de estratégia entre as empresas.

Matriz 3.9 – Matriz de *pay-offs* apresentando os resultados, em milhões de reais, das estratégias adotadas pelas empresas Saudavão e Saudavinho.

Saudavão	Saudavinho	
	Baixo	Alto
Baixo	(50, 50)	(0, 100)
Alto	(100, 0)	(70, 70)

Ao longo dos estudos da teoria dos jogos, você ficará mais familiarizado com o significado de cada um desses valores. Aliás, esse é um aspecto importante, haja vista que a modelagem de problemas reais utilizando a teoria dos jogos depende dessas análises. Perceba o que ocorre em cada um dos quatro cenários possíveis:

1) Se tanto a empresa Saudavão quanto a empresa Saudavinho optarem por {baixo}, cada uma delas lucrará 50. Perceba que não estamos especificando unidades monetárias, podendo esse valor significar 50 reais, 50 dólares, 50 pontos, 50 unidades ou qualquer outro elemento.

2) Se tanto a empresa Saudavão quanto a empresa Saudavinho optarem por {alto}, cada uma delas lucrará 70.

3) No caso de uma das empresas escolher {baixo}, digamos, a empresa Saudavão, e a outra escolher {alto}, isto é, a empresa Saudavinho, aquela que optar por {alto} não conseguirá vender nenhum de seus produtos. Note que isso deve acontecer em razão de a sacarina ser um produto homogêneo. Dessa forma, não haveria razões para um comprador racional escolher um produto mais caro, visto não haver diferenciação entre os produtos. Nesse caso, a outra empresa lucrará 100.

4) No último cenário, a empresa Saudavão escolhe {alto}, ao passo que a empresa Saudavinho escolhe {baixo}. A empresa que escolheu {baixo}, nesse caso, a Saudavão, lucrará 100, e a Saudavinho não conseguirá vender sua produção e não lucrará nada. Observe que esse tipo de problema é simétrico, gerando-se, com facilidade, sua matriz de *pay-off*s.

O que vai acontecer nesse jogo? Aqui, estamos tratando de mais um jogo envolvendo estratégias dominantes. Para observarmos qual é o equilíbrio nesse caso, vejamos a melhor decisão de cada empresa, tendo em vista determinada decisão de seu oponente.

Do ponto de vista da empresa Saudavão, reflita: "Qual é a melhor decisão que eu poderia tomar?". Tudo depende do que a empresa Saudavinho fará. Se esta optar por {baixo}, a melhor opção para a Saudavão será também escolher {baixo}. Isso porque, escolhendo {alto}, ela não terá lucro nenhum, contra a possibilidade de lucrar 50.

Entretanto, se a empresa Saudavinho escolher {alto}, a melhor opção para a Saudavão ainda será {baixo}, uma vez que lucrará 100 em vez de 70. Concluímos, assim, que a estratégia dominante da empresa Saudavão será sempre escolher {baixo} e que não existem motivos racionais para escolher {alto}.

De forma equivalente, em virtude da simetria do problema, podemos concluir que a estratégia dominante para a empresa Saudavinho também será escolher {baixo}. Desse modo, como se trata de um problema completamente dominado, podemos afirmar que o equilíbrio, nesse caso, será atingido quando ambas as empresas mantiverem seu preço baixo, isto é, {baixo, baixo}.

Perceba também que, se uma das empresas decidir fazer um movimento sem esperar uma mudança de seu concorrente, ficará em posição desfavorável, visto que o jogo se posicionará em {baixo, alto} ou {alto, baixo}, conferindo ganhos apenas para aquela que escolher {baixo}.

Você deve ficar se perguntando: "Por que as empresas não dialogam para chegarem ao resultado melhor para ambas, isto é, {alto, alto}?". Isso acontece porque não se trata de um jogo cooperativo e não existe, aqui, possibilidade de negociação quanto aos resultados possíveis de cada jogo. Essa temática será enfocada de forma mais detalhada em outro momento.

3.3 Equilíbrio de Nash

Nem todos os jogos podem ser solucionáveis por dominância. Então, vamos definir um importante conceito conhecido como *equilíbrio de Nash*, que representa uma solução estratégica de um jogo que ocorre quando cada um dos jogadores decide fazer a melhor opção possível considerando as respostas de todos os outros jogadores.

Matematicamente, o equilíbrio de Nash ocorrerá quando:

$$u_i\left(S_i^*, S_{-1}^*\right) \geq u_i\left(S_i, S_{-1}^*\right), \forall S_i, \forall i$$

Perceba que essa equação está comparando a função recompensa da estratégia de cada um dos pares de jogadores que podemos analisar. No equilíbrio de Nash, como mostra a equação, não pode haver uma estratégia de algum jogador que o coloque numa situação melhor do que aquela em que ele está sem criar incentivo para que os outros jogadores também façam mudanças de estratégias.

Assim como os outros casos já analisados, esse é mais facilmente verificado por meio de um exemplo.

Em casos envolvendo a exportação e a importação de certos produtos, é comum que os países enfrentem um jogo conhecido como "A prevenção de entrada", que busca proteger determinado mercado da entrada de concorrentes.

EXEMPLIFICANDO

Sabemos que o Brasil domina o mercado de perfumes na América Latina, mas outros países como o Chile são entrantes em potencial para também vender em nosso mercado. No jogo da prevenção, o Brasil tem as opções de {investir} ou {não investir}, aumentando ou não a qualidade e a quantidade de suas linhas de produção. Enquanto isso, o Chile, sendo um entrante potencial em nosso país, pode decidir entre {não exportar}, {exportar em pequena escala} ou {exportar em grande escala}. Considerando que se trata de um de jogo simultâneo de informações completas, vejamos sua matriz de *pay-offs*.

Matriz 3.10 – Matriz de *pay-offs* apresentando os resultados, em valores fictícios, das estratégias adotadas pelos jogadores Brasil e Chile no jogo "A prevenção de entrada"

Brasil	Chile		
	Não exportar	Exportar em pequena escala	Exportar em larga escala
Investir	(4, 2)	(2, 0)	(0, –2)
Não investir	(2, 0)	(4, 2)	(–1, 4)

Antes de analisarmos esse caso, perceba que os números devem enfatizar o resultado de cada uma das combinações. Por exemplo, a dupla {investir, exportar em larga escala} indica que o Brasil não terá lucro nenhum na operação, mas o Chile terá um prejuízo de 2 (sem unidade específica). Se acontecer {não investir, exportar em pequena escala}, o Brasil lucrará 4, enquanto o Chile lucrará 2. Esses valores (0, 2, 4) e outros que aparecem na matriz podem representar números reais e, geralmente, são frutos de uma análise detalhada da implicação de cada ação. Por isso, decidimos não usar unidades de medida, como milhões de reais, dólares ou mesmo quantidade de lojas abertas.

Vejamos, agora, se há uma estratégia dominante para cada caso. Se o Brasil jogar {investir}, então a melhor estratégia para o Chile será optar por {não exportar}; caso contrário, se o Brasil escolher {não investir}, então a melhor estratégia para o Chile passará a ser {exportar em larga escala}.

Se o Chile jogar {não exportar}, a melhor estratégia para o Brasil será {investir}; porém, se o Chile escolher {exportar em pequena escala}, a melhor estratégia será {não investir}; por fim, se a decisão for {exportar em larga escala}, será a melhor estratégia {investir}.

Identificar que o equilíbrio de Nash é {investir, não exportar} é uma tarefa que demanda prática. Para facilitar, podemos marcar, na matriz de *pay-offs*, qual é a melhor estratégia para cada país. Note que estão marcadas com C as diferentes opções chilenas e com B as melhores opções brasileiras.

Matriz 3.11 – Indicação na matriz de *pay-offs* das melhores opções brasileiras e chilenas tendo em vista as possíveis jogadas do concorrente

Brasil	Chile		
	Não exportar	Exportar em pequena escala	Exportar em larga escala
Investir	B (4, 2) C	(2, 0)	B (0, –2)
Não investir	(2, 0)	B (4, 2)	C (–1, 4)

Podemos fazer algo similar, marcando, para cada opção brasileira, as melhores opções chilenas. Nesse caso, adotamos a marcação com *C* do lado direito dos pares ordenados para indicar o país tratado à direita e a marcação com *B* do lado esquerdo dos pares ordenados para o país tratado à esquerda.

Aqui, visualizamos que a estratégia {investir, não exportar} é o equilíbrio de Nash desse jogo.

QUESTÃO PARA REFLEXÃO

Você aprendeu que o equilíbrio de Nash é uma situação estável no jogo, em que nenhum dos jogadores tem incentivo para mudar sua posição. Pesquise e discuta se a solução dos jogos estritamente dominados configura um equilíbrio de Nash, bem como o contrário, isto é, se a solução de jogos em equilíbrio de Nash configura um jogo estritamente dominado.

EXEMPLIFICANDO

Afinal, qual é a diferença entre o equilíbrio de Nash e um equilíbrio por meio de estratégias dominantes, como aquele visto na seção anterior? Acontece que a estratégia dominante também é um equilíbrio de Nash. Nesse caso, cada jogador está realizando a melhor jogada de todas, independentemente da decisão de todos os outros jogadores. Assim, num jogo entre duas pessoas, uma delas faz a melhor jogada, independentemente do que a outra esteja fazendo, e esta também realiza a melhor jogada, independentemente daquela que a primeira fizer.

Mas o equilíbrio de Nash é um caso mais geral que abarca o conceito de equilíbrio por estratégias dominantes. Dessa maneira, num jogo entre duas pessoas, a primeira realizará a melhor jogada possível, **considerando o que a segunda estiver fazendo**, e esta fará sua melhor jogada, **considerando o que a primeira estiver fazendo**. Perceba que a estratégia não é definitiva: depende das escolhas do outro jogador. Por isso, não é, necessariamente, uma estratégia dominante.

Vejamos, agora, mais um problema. Dois fabricantes de chocolate, as empresas Cacauzão e Cacauzinho, estão disputando um mercado local. Ambas podem decidir entre lançar um de dois produtos: o chocolate {amargo} ou o chocolate {ao leite}. Acontece que o mercado apresenta uma saturação, de forma que só existe espaço para um fabricante de chocolate {amargo} e um fabricante de chocolate {ao leite}. Além disso, em razão do porte das empresas Cacauzão e

Cacauzinho, cada uma delas só tem recursos suficientes para lançar apenas um produto. Outro agravante é que, por causa da situação de rivalidade que já ocorreu em outros mercados, não existe a possibilidade de as empresas entrarem num acordo, de modo que o jogo é do tipo não cooperativo. O que acontecerá nesse cenário? Vamos construir a matriz de *pay-offs* desse caso.

Matriz 3.12 – Matriz de *pay-offs* apresentando resultados genéricos das estratégias adotadas pelas empresas Cacauzão e Cacauzinho

Cacauzão	Cacauzinho	
	Amargo	Ao leite
Amargo	(x_1, y_1)	(x_3, y_3)
Ao leite	(x_2, y_2)	(x_4, y_4)

Dessa forma, precisamos determinar os resultados para cada jogador dadas as possíveis combinações de jogadas de ambas as empresas. Assim, os pares ordenados são:

$$(x_1, y_1), (x_2, y_2), (x_3, y_3), (x_4, y_4)$$

Eles representam todas as possibilidades de resultados para ambas as empresas e podem ser determinados analisando-se a problemática e investigando-se mais informações acerca do problema. Nesse caso, vamos supor que, quando as empresas produzem o mesmo tipo de chocolate, isto é, jogam {amargo, amargo} ou {ao leite, ao leite}, elas têm prejuízo, visto que produzem mais do que podem vender. Para escrevermos valores numéricos, deveríamos conhecer detalhes da produção de cada empresa, mas vamos imaginar elas têm condições de fabricação equivalentes (maquinário, custo de insumos, custo de pessoal, qualidade do produto, gastos com distribuição e todos os outros), de modo que terão o mesmo prejuízo, digamos, R$ 5 mil.

Entretanto, caso as empresas joguem {amargo, ao leite} ou {ao leite, amargo}, o mercado local será capaz de absorver a produção de ambas as empresas. Como vamos imaginar que os produtos chocolate {ao leite} ou chocolate {amargo} não têm diferenciação em termos de preço ou demanda, podemos supor que cada empresa lucrará R$ 10 mil nesse cenário. Assim, construímos a matriz de *pay-offs* desse problema.

Matriz 3.13 – Matriz de *pay-offs* apresentando resultados numéricos das estratégias adotadas pelas empresas Cacauzão e Cacauzinho

Cacauzão	Cacauzinho	
	Amargo	Ao leite
Amargo	(−5 000, −5 000)	(10 000, 10 000)
Ao leite	(10 000, 10 000)	(−5 000, −5 000)

Agora, sim: Qual é o equilíbrio de Nash desse caso? Esse é um problema de estratégia dominante? Vamos analisar do ponto de vista da Cacauzão, uma vez que temos outro problema simétrico. O que a Cacauzão deve fazer? Depende da decisão da empresa Cacauzinho. Se esta lançar o chocolate {amargo}, a Cacauzão não poderá lançar {amargo} também, sob pena de ambas tomarem prejuízo. Nesse caso, sua melhor opção será {ao leite}, saindo de um prejuízo de R$ 5 mil para um lucro de R$ 10 mil.

Se a Cacauzinho lançar o chocolate {ao leite}, a Cacauzão não poderá lançar {ao leite}, pelo mesmo motivo anterior. Dessa maneira, precisará lançar {amargo} para sair do mesmo prejuízo de R$ 5 mil para o lucro de R$ 10 mil. Perceba que a melhor estratégia da Cacauzão será {ao leite}, se a Cacauzinho lançar {amargo}, e será {amargo}, se a Cacauzinho lançar {ao leite}. Então, como a estratégia depende da escolha do outro jogador, não se trata de uma estratégia dominante, nem para a Cacauzão, nem para a Cacauzinho, dada a simetria do problema.

O equilíbrio de Nash será uma posição em que nenhum dos jogadores tenha incentivo para mudar sua jogada. Perceba que {amargo, amargo} e {ao leite, ao leite} **não configuram** um equilíbrio de Nash. Estando o jogo nessa posição, qualquer um dos jogadores fará uma mudança para atingir um resultado melhor, isto é, ambos têm um **incentivo** para realizar essa mudança. O equilíbrio de Nash compreende as opções {amargo, ao leite} e {ao leite, amargo} – estando o jogo nessa posição, nenhum jogador tem incentivo para realizar outra jogada.

Veja que o equilíbrio de Nash é o melhor que a Cacauzão pode fazer, considerando-se o que a Cacauzinho está fazendo, e vice-versa.

Assim, podemos fundamentar melhor, recorrendo a Santos (2016, p. 154), o que é o equilíbrio de Nash:

> Uma maneira de fundamentar a definição do equilíbrio de Nash é o argumento de que se a teoria dos jogos oferece uma solução única a um determinado problema, esta solução deve ser, um equilíbrio de Nash no seguinte sentido: Suponhamos que a teoria dos jogos faça uma predição sobre as estratégias eleitas pelos jogadores. Para que esta predição seja correta é necessário que cada jogador esteja disposto a escolher a estratégia predita pela teoria. Por isso, a estratégia predita de cada jogador, deve ser a melhor resposta de cada jogador as estratégias preditas dos outros jogadores. Tal previsão pode denominar-se estrategicamente estável, posto que nenhum jogador vai querer desviar-se da estratégia prevista para ele. Chamaremos tal previsão de Equilíbrio de Nash.

3.4 O dilema dos prisioneiros

Agora, já temos ferramentas preciosas para discutir alguns problemas clássicos que surgiram ao longo da história da teoria dos jogos. Mesmo aparentemente simples, veremos em detalhes como tais estruturas foram sendo utilizadas para resolver outros tipos de casos. O exemplo mais conhecido, "O dilema dos prisioneiros", foi apresentado em meados de 1950 pelo pesquisador Albert W. Tucker.

Suponha que dois sujeitos foram capturados sob a suspeita de que cometeram um crime perverso. Como não ocorreu o flagrante, a polícia ainda não tem evidências suficientes para manter os dois presos. Então, decide separar a dupla em salas isoladas para proceder à investigação. A proposta que a polícia faz a cada um deles, separadamente, é a seguinte:

- "Se você confessar o crime que cometeu e seu parceiro não confessar, você ficará apenas um ano na prisão, visto que auxiliou a polícia. Entretanto, seu parceiro ficará preso por oito anos."
- "Se ambos confessarem o crime, mesmo auxiliando a polícia, ficarão quatro anos na prisão, visto que a cooperação de cada um perde o valor como denúncia."
- "Se ambos não confessarem o crime, ficarão dois anos na prisão, mesmo injustamente, por estarem perambulando pelas ruas."

Relembrando a notação matemática, temos dois jogadores (prisioneiros):

$$J = \{\text{prisioneiro 1, prisioneiro 2}\}$$

As estratégias dos dois prisioneiros são as mesmas:

$$S^1 = \{\text{confessar, negar}\}$$

$$S^2 = \{\text{confessar, negar}\}$$

O espaço de estratégias são todas as combinações possíveis, dadas por:

$$S = \begin{bmatrix} \left(S_1^1, S_1^2\right) & \left(S_1^2, S_2^2\right) \\ \left(S_2^1, S_1^2\right) & \left(S_2^1, S_2^2\right) \end{bmatrix}$$

$$S = \begin{bmatrix} \left(\text{confessar, confessar}\right) & \left(\text{confessar, negar}\right) \\ \left(\text{negar, confessar}\right) & \left(\text{negar, negar}\right) \end{bmatrix}$$

Assim, podemos construir a matriz de *pay-offs*.

Matriz 3.14 – Matriz de *pay-offs* apresentando os resultados, em tempo de prisão, das estratégias adotadas pelos dois prisioneiros envolvidos no dilema

Prisioneiro 1	Prisioneiro 2	
	Confessar	Negar
Confessar	(–4, –4)	(–1, –8)
Negar	(–8, –1)	(–2, –2)

Perceba que os prisioneiros estão separados, de forma que eles não podem negociar os resultados possíveis. Nesse caso, coloque-se no lugar de um deles para imaginar o que você faria. Se você fosse o prisioneiro 1, poderia pensar: "Se meu colega confessar, é melhor que eu confesse também, pois assim pegarei menos tempo de prisão. Agora, se meu colega negar, também devo confessar, para pegar menos tempo de prisão". Nesse cenário, a melhor opção para cada um, individualmente, é {confessar}, e o equilíbrio de Nash acaba sendo {confessar, confessar}, mesmo que a opção {negar, negar} ainda seja melhor para ambos os jogadores.

Dessa maneira, podemos fortalecer a diferença entre jogos cooperativos e não cooperativos. Afinal, o dilema dos prisioneiros é um clássico jogo não cooperativo, uma vez que os jogadores não podem planejar suas estratégias de forma conjunta. Um de nossos interesses na teoria dos jogos, que será explorado melhor nos últimos capítulos, é como incentivar a cooperação entre jogadores com vistas a alcançar o ótimo de Pareto. Como aponta Santos (2016, p. 128),

Uma forma de conseguir a cooperação é dar uma motivação, através de uma recompensa positiva pela sua efetivação, e outra recompensa negativa dissuadindo de não cooperar mediante um castigo. Entrementes, o enfoque das recompensas é obstaculizado por diversos problemas e por várias razões. As recompensas podem ser internas: um dos jogadores paga ao outro. Às vezes podem ser externas; um terceiro que também se beneficiaria da cooperação dos dois jogadores paga para que ela ocorra. Em qualquer dos casos, não se pode dar a recompensa a um jogador antes de que decida, já que, do contrário, simplesmente embolsaria a recompensa e depois, bem depois é totalmente incerto. Por outra parte, a promessa de recompensa pode não ser crível: uma vez que o jogador tenha decidido cooperar, a promessa pode não ser concretizada.

QUESTÃO PARA REFLEXÃO

Você aprendeu que o dilema dos prisioneiros é um jogo não cooperativo que chega a um resultado que não é o melhor para ambos os jogadores. Analise como uma forma cooperativa desse jogo levaria a um resultado melhor e como isso poderia ser incentivado.

EXEMPLIFICANDO

Imagine o cenário de duas empresas do ramo de tecnologia que precisam decidir se devem pesquisar, em conjunto ou não, com seus rivais na área. Já iniciamos a discussão de um caso similar envolvendo empresas do ramo de aparelhos celulares que investem em seus departamentos de Pesquisa & Desenvolvimento (P&D) e precisam pesquisar em conjunto para minimizar seus custos de desenvolvimento e, por consequência, partilhar seus lucros.

Vamos considerar que a matriz de *pay-offs* é a apresentada a seguir.

Matriz 3.15 – Matriz de *pay-offs* representando os resultados das estratégias adotadas pelas empresas *A* e *B*

Empresa *A*	Empresa *B*	
	Pesquisar em conjunto	Pesquisar individualmente
Pesquisar em conjunto	(4, 4)	(1, 5)
Pesquisar individualmente	(5, 1)	(3, 3)

Observe que essa matriz indica o seguinte:

- Se ambas as empresas decidirem pesquisar juntas, conseguirão um lucro de R$ 4 milhões cada uma.
- Se uma das empresas decidir pesquisar em conjunto, mas a outra romper o contrato, a que investiu na pesquisa lucrará apenas R$ 1 milhão, ao passo que a empresa traidora lucrará R$ 5 milhões.
- Se ambas as empresas decidirem pesquisar individualmente, conseguirão um lucro de R$ 3 milhões cada uma.

Note que esse é um jogo similar ao jogo "O dilema dos prisioneiros", pois, como há um incentivo muito grande à traição, dado o resultado maior decorrente dessa ação, o jogo acaba sendo do tipo não cooperativo. Assim, a solução não cooperativa é pesquisar individualmente, dado o risco de traição, mesmo sabendo que a estratégia {pesquisar em conjunto, pesquisar em conjunto} daria maiores lucros do que a estratégia {pesquisar individualmente, pesquisar individualmente}.

O que devemos extrair desses dois exemplos é que, em certos jogos, quando determinado jogador busca levar o melhor tomando uma decisão específica, faz com que ocorra uma situação que não será a melhor para todos.

Exercício resolvido

Dois grandes canais do YouTube (canal 1 e canal 2) estão disputando entre si para obter a maior quantidade de visualizações em suas *lives*, decidindo entre lançar o vídeo no {sábado} ou no {domingo}. A depender da combinação escolhida, a quantidade de visualizações ao vivo será maior ou menor. O resultado indicando essa quantidade está representada na matriz de *pay-offs* mostrada a seguir.

Matriz 3.16 – Matriz de *pay-offs* apresentando os resultados, em milhares de inscritos, das estratégias adotadas pelos canais 1 e 2 na apresentação de seus programas

Canal 1	Canal 2	
	Sábado	Domingo
Sábado	(18, 1818)	(23, 20)
Domingo	(4 23)	(16, 16)

Observe os resultados possíveis:

- Quando tanto o canal 1 quanto o canal 2 decidirem lançar seu vídeo no {sábado}, ambos conseguirão um total de 18 mil inscritos.
- Quando o canal 1 decidir lançar seu programa no {sábado}, mas o canal 2 escolher fazê-lo no {domingo}, o primeiro conseguirá um total de 23 mil inscritos, ao passo que o segundo terá 20 mil inscritos.
- Quando o canal 1 decidir lançar seu programa no {domingo}, mas o canal 2 escolher fazê-lo no {sábado}, o primeiro conseguirá um total de apenas 4 mil inscritos, ao passo que o segundo terá 23 mil inscritos.

- Quando ambos os canais decidirem lançar o material no {domingo}, ambos atingirão um total de 16 mil inscritos.

Será que existe uma estratégia dominante nessa situação? Será que conseguimos determinar o equilíbrio de Nash? Vejamos, primeiramente, sob a perspectiva dos gestores do canal 1:

- Se o canal 2 optasse por {sábado}, a melhor alternativa para o canal 1 seria escolher {sábado} também. De 4 mil inscritos que teria no {domingo}, passaria a 18 mil inscritos caso escolhesse {sábado}.
- Se o canal 2 optasse por {domingo}, a melhor alternativa para o canal 1 seria escolher {sábado} novamente. Nesse caso, percebemos que {sábado} é a estratégia dominante para o canal 1 – não tem por que ele lançar seu programa no {domingo}. Nessa escolha, de 16 mil inscritos que teria no {domingo}, passaria a 23 mil inscritos caso escolhesse {sábado}.

Vejamos, agora, o que ocorre do ponto de vista dos gestores do canal 2:

- Se o canal 1 optasse por {sábado}, a melhor alternativa para o canal 2 seria escolher {domingo}. De 18 mil inscritos caso escolhesse {sábado}, chegaria a 20 mil inscritos ao escolher {domingo}.
- Se o canal 1 optasse por {domingo}, a melhor alternativa para o canal 2 seria escolher {sábado}. Nesse caso, deixaria de conseguir 16 mil inscritos caso tivesse escolhido {domingo} para ter 23 mil inscritos por ter se decidido por {sábado}.

Para o canal 2, não existe uma estratégia dominante: tudo depende da posição que o canal 1 vai adotar. Entretanto, do ponto de vista do canal 1, há uma estratégia dominante: é sempre melhor que ele escolha {sábado}. Sabendo que o canal 1 escolherá {sábado}, o canal 2 deverá decidir-se por {domingo}.

Essa forma de análise também pode ser feita acompanhando a matriz de *pay-offs* e reduzindo dela aquelas possibilidades que não serão jogadas. Vimos que {sábado} é uma estratégia dominante para o canal 1; então, {domingo} nunca será jogado. Dessa forma, refazemos a matriz.

Matriz 3.17 – Eliminação da estratégia dominada {domingo}, adotada pelo canal 1, da matriz anterior

Canal 1	Canal 2	
	Sábado	Domingo
Sábado	(18, 18)	(23, 20)

Trata-se, portanto, de uma decisão apenas do canal 2, que se beneficiará mais se escolher {domingo}. O equilíbrio de Nash desse problema é {sábado, domingo}, obtendo-se uma recompensa de 23 mil inscritos para o canal 1 e de 20 mil inscritos para o canal 2.

3.5 A batalha dos sexos e a conta do bar

Outro exemplo icônico na teoria dos jogos é conhecido como "A batalha dos sexos". Observe que, até em questões pessoais, os fundamentos que estamos examinando nos ajudam a tomar as melhores decisões.

No jogo "A batalha dos sexos", temos dois jogadores, um homem e uma mulher, que têm o interesse de sair para passear. O homem prefere ir ao *show* de forró, e a mulher prefere ir ao *show* de *rock*. Vejamos o que pode acontecer:

- Se eles forem juntos para o forró, o homem terá uma satisfação maior do que a da mulher.
- Entretanto, se eles forem juntos para o *rock*, a mulher terá uma satisfação maior do que a do homem.
- Caso cada um deles resolva fazer seu programa preferido, ambos sairão perdendo, ficando igualmente insatisfeitos, visto que seu acompanhante não estará participando junto.

Esse é um jogo simples em que os jogadores podem ser representados por:

$$G = \{homem, mulher\}$$

As estratégias de cada um são:

$$S_{homem} = \{rock, forró\}$$

$$S_{mulher} = \{rock, forró\}$$

Logo, as possíveis combinações formam o espaço de estratégias, dado por:

$$S = \{(rock, forró), (rock, rock), (forró, rock), (forró, forró)\}$$

As funções utilidade são descritas na matriz de *pay-offs* mostrada a seguir.

Matriz 3.18 – Matriz de *pay-offs* do jogo "A batalha dos sexos", com valores arbitrários para a recompensa de cada jogador

Homem	Mulher	
	Rock	Forró
Rock	(2, 4)	(1, 1)
Forró	(1, 1)	(4, 2)

Perceba que essa matriz representa a situação descrita, indicando o que ocorre com cada jogador de acordo com a jogada dos demais. Além disso, esse exemplo nos permite investigar como existem casos, mesmo no cotidiano, em que os jogadores ganham quando coordenam suas decisões, isto é, quando fazem com que seus jogos se tornem cooperativos.

EXEMPLIFICANDO

A teoria dos jogos também nos ajuda a descrever alguns comportamentos sociais como aqueles que acontecem quando resolvemos dividir a conta entre amigos num restaurante, a exemplo do problema conhecido como "A conta do bar".

Quando uma pessoa vai ao bar com seus amigos, pode optar por uma entre duas estratégias: (1) escolher pratos mais baratos ou (2) escolher pratos mais caros. Entretanto, sabendo-se que a conta total vai ser dividida igualmente entre todos os participantes, qual seria a decisão mais racional a ser tomada?

Se um dos participantes escolher o prato mais barato, estará economizando para todos, que, por causa dessa atitude, pagarão uma conta menor no fim da noite. Porém, esse participante será prejudicado caso os demais integrantes resolvam consumir o prato mais caro. Como ele percebe que arcará com os custos dessa escolha sem ter consumido um bom prato, a decisão racional a ser tomada é pedir o melhor prato.

Além disso, se um dos integrantes esperar que os demais peçam o prato mais barato, deverá pedir o prato mais caro, visto que os custos financeiros dessa decisão serão repartidos entre todos.

Dessa forma, podemos concluir que a estratégia dominante é escolher o prato mais caro e, sendo o caso de jogadores racionais, podemos confirmar a tendência que observamos de contas de bar mais altas quando divididas coletivamente do que quando pagas individualmente.

Exercício resolvido

Vamos considerar uma situação em que duas empresas concorrentes, a Vinhão e a Uvão, desejam disputar um mercado local de vinhos. Elas precisam decidir entre produzir um vinho de altíssima qualidade, identificado como vinho {fino}, ou produzir um vinho de qualidade mediana, identificado como vinho de {mesa}. A matriz de *pay-offs* a seguir reproduz o que ocorre com o mercado e, consequentemente, com o lucro de cada empresa, tendo em vista as possíveis decisões de cada uma.

Matriz 3.19 – Matriz de *pay-offs* da disputa entre as empresas Vinhão e Uvão

Vinhão	Uvão	
	Fino	**Mesa**
Fino	(−20, 30)	(100, 800)
Mesa	(900, 600)	(50, 50)

Perceba que a matriz de *pay-offs* nos permite compreender o comportamento do mercado, dada a decisão de cada empresa. A esta altura de nosso estudo, você deve ter entendido que os valores numéricos da matriz podem representar, por exemplo, o lucro de cada uma das empresas envolvidas.

Num dos quatro cenários, se tanto a empresa Vinhão quanto a Uvão decidirem produzir vinho {fino}, ambas terão um prejuízo. Nesse caso, a empresa Vinhão ficará com 20 (sem unidade específica) de prejuízo, enquanto a empresa Uvão terá 30 de prejuízo. Você pode imaginar o que está acontecendo nesse cenário, mas muito provavelmente esses números surgem em razão de uma saturação do mercado de vinhos do tipo {fino}. Dessa forma, quando ambas as empresas decidirem produzir o mesmo produto, as duas não conseguirão escoar sua produção o suficiente para saírem do negativo.

Em outro dos quatro cenários, se tanto a empresa Vinhão quanto a Uvão decidirem produzir vinho de {mesa}, ambas terão lucro, mas não será um valor muito alto. Comparado aos outros dois cenários possíveis, observamos que, nesse, o lucro ainda é pequeno. Assim, concluímos que, quando as empresas decidirem produzir o mesmo produto, ainda terão dificuldade de escoamento. É fácil observar que essa situação, {mesa, mesa}, ainda é melhor do que a situação {fino, fino}, muito provavelmente porque pode haver um custo de produção menor para aquele tipo de vinho ou um público maior, o que facilita o escoamento do estoque.

Os outros dois cenários ocorrem quando uma das empresas se decide por vinho de {mesa}, enquanto a outra se decide por vinho {fino}. No caso em que a empresa Vinhão se decida por {fino}, enquanto a Uvão se decide por {mesa}, observamos que a primeira lucrará 100 e a segunda lucrará 800.

Se a empresa Vinhão se decidir por {mesa} e a Uvão, por {fino}, observamos que a primeira lucrará 900, enquanto a segunda lucrará 600. Agora, podemos analisar as diferenças entre esses valores. Note que as empresas estão disputando um mesmo mercado, de forma que a quantidade de consumidores é a mesma para todos os cenários, independentemente da produção escolhida.

Vale ressaltar que precisamos analisar um pouco mais os últimos dois cenários. Veja que, dado que a empresa Vinhão opta por {mesa}, o melhor para a Uvão é optar por {fino}. Ao contrário, dado que a empresa Vinhão opta por {fino}, o melhor para a Uvão é optar por {mesa}. Essa diferença de lucro da empresa Vinhão, quando troca entre {mesa} e {fino} apenas nesses dois cenários, é de um lucro de 900 para um lucro de 100. Com relação à Uvão, quando ela troca de {mesa} para {fino}, considerando ainda apenas esses dois cenários, a diferença é de um lucro de 600 para um lucro de 800. Perceba, aqui, que identificamos que esse mercado não é simétrico para cada uma das empresas, isto é, uma delas tem mais facilidade de produzir e vender vinho {fino}, talvez por conta de um preço de custo reduzido, do que a outra. Assim, concluímos que a matriz de *pay-offs* é construída com base em dados concretos de custos e de lucros de cada um dos envolvidos.

Mas ainda precisamos identificar se há um equilíbrio de Nash nesse jogo. Tanto {fino, mesa} quanto {mesa, fino} são equilíbrios de Nash. Note que, se o jogo estiver em {mesa, mesa} ou em {fino, fino}, os dois jogadores podem alterar alguma de suas jogadas para ficar numa situação melhor. Entretanto, estando o jogo em {fino, mesa} ou em {mesa, fino} isso não ocorre – ambas as estratégias são, portanto, o equilíbrio de Nash desse jogo.

Agora, vamos tomar como ponto de partida um jogo com mais possibilidades de escolha, envolvendo dois jogadores. É o jogo "Dividindo R$ 1,00". Nesse caso, desejamos dividir essa quantia entre os dois participantes. Num primeiro momento, o jogador 1 faz uma proposta indicando quantos centavos desse valor ele passaria para o jogador 2. Como estamos imaginando um jogo simultâneo, o jogador 2 também decide quantos centavos de R$ 1,00 corresponderiam a uma oferta aceitável.

Nesse cenário, cada um dos jogadores tem cinco opções: {0}, {25}, {50}, {75} ou {100} centavos, o que diferencia o jogador que está na ponta vendedora daquele que está na ponta compradora. A partir das ofertas, a regra do jogo é a seguinte: se a oferta do jogador 1 for menor do que aquela aceitável pelo jogador 2, o acordo não acontecerá, e nenhum dos jogadores receberá nada. Porém, existindo um acordo, isto é, se a oferta do jogador 1 for maior do que aquela aceitável pelo jogador 2 ou igual a ela, o jogador 2 receberá o que lhe foi ofertado, enquanto o jogador 1 ficará com o restante do valor inicial de R$ 1,00l.

Nesse cenário, o espaço de estratégias é dado por:

$$S_1 = S_2 = \{0, 25, 50, 75, 100\}$$

Claro que podemos escrever a função recompensa, primeiro para o jogador 1:

$$u_1\left(s_1, s_2\right) = \begin{cases} 100 - s_1, & \text{se } s_1 \geq s_2 \\ 0, & \text{se } s_1 < s_2 \end{cases}$$

Em seguida, para o jogador 2:

$$u_2\left(s_1, s_2\right) = \begin{cases} s_1, & \text{se } s_1 \geq s_2 \\ 0, & \text{se } s_1 < s_2 \end{cases}$$

É com base nesse reconhecimento que podemos construir a matriz de *pay-offs*.

Matriz 3.20 – Matriz de *pay-offs* apresentando os resultados das estratégias adotadas pelos jogadores 1 e 2

Jogador 1	Jogador 2				
	0	25	50	75	100
0	(100, 0)	(0, 0)	(0, 0)	(0, 0)	(0, 0)
25	(75, 25)	(75, 25)	(0, 0)	(0, 0)	(0, 0)
50	(50, 50)	(50, 50)	(50, 50)	(0, 0)	(0, 0)
75	(25, 75)	(25, 75)	(25, 75)	(25, 75)	(0, 0)
100	(0, 100)	(0, 100)	(0, 100)	(0, 100)	(0, 100)

Será que esse jogo tem um equilíbrio de Nash? Procure analisar essa situação e chegar a uma conclusão própria.

QUESTÃO PARA REFLEXÃO

Você aprendeu que os últimos jogos abordados são similares ao problema do jogo "O dilema do prisioneiro". Cite outros exemplos do cotidiano que também configuram esse tipo de jogo.

PARA SABER MAIS

ABREU, L. R. de et al. Utilização da teoria dos jogos para a determinação do preço de venda em serviços: um estudo de caso em um salão de beleza localizado em Fortaleza/CE. In: SIMPÓSIO DE ENGENHARIA DE PRODUÇÃO, 26., 2019, Bauru. **Anais**... Bauru, 2019. p. 1-14. Disponível em: <https://repositorio.ufc.br/bitstream/riufc/59866/1/2019_eve_lrabreu.pdf>. Acesso em: 10 jan. 2023.

Já vimos que a teoria dos jogos pode ser utilizada em diversas situações de áreas distintas. Um exemplo é caso comentado por Abreu et al. (2019), no qual foi aplicada a teoria dos jogos para determinar o preço de venda num salão de beleza localizado em Fortaleza, no estado do Ceará. Nesse trabalho, os autores levantaram gastos relacionados aos serviços prestados, além da expectativa do consumidor, para, usando as ferramentas da teoria dos jogos, decidir qual seria o preço ideal de venda dos serviços.

ALENCAR, A. G. et al. Um olhar da teoria dos jogos sobre a fusão da Sadia com a Perdigão. In: ENCONTRO DA ANPAD, 34., 2010, Rio de Janeiro. **Anais**... Rio de Janeiro: Anpad, 2019. p. 1-17. Disponível em: <https://docplayer.com.br/6404788-Um-olhar-da-teoria-dos-jogos-sobre-a-fusao-da-sadia-com-a-perdigao.html>. Acesso em: 10 jan. 2023.

Além do caso das empresas Los Paleteros e Mexileta, existem vários estudos que buscam analisar, sob a ótica da teoria dos jogos, situações reais envolvendo empresas de diferentes segmentos. No XXXIV Encontro da Anpad, Alencar et al. (2010) discutiram a fusão recente entre as duas grandes empresas alimentícias brasileiras, a Sadia e a Perdigão, a qual originou a enorme Brasil Foods S.A. (BRF). No trabalho, os autores modelaram dois jogos diferentes e encontraram equilíbrios que permitiram explicar por que, num primeiro momento, as fusões de empresas não eram interessantes, ao se analisarem a lógica das decisões e a racionalidade envolvida. Num segundo momento, porém, a fusão apareceu como uma realidade concreta e coerente com a teoria dos jogos.

SANTOS, L. R. dos; CARMO, M. J.; CIRINO, I. I. Projeto otimizado de um controlador PI utilizando teoria dos jogos: um estudo de caso para uma planta didática de temperatura. In: CONGRESSO BRASILEIRO DE EDUCAÇÃO EM ENGENHARIA, 48.; SIMPÓSIO INTERNACIONAL DE EDUCAÇÃO EM ENGENHARIA DA ABENGE, 3., 2020, Caxias do Sul. **Anais**... Caxias do Sul: UCS, 2020. Disponível em: <http://www.abenge.org.br/sis_submetidos.php?acao=abrir&evento=COBENGE20&codigo=COBENGE20_00140_00003324.pdf>. Acesso em: 10 jan. 2023.

O XLVIII Congresso Brasileiro de Educação em Engenharia (Cobenge), em 2020, aconteceu de forma *on-line*. Na oportunidade, Santos, Carmo e Cirino (2020) publicaram um estudo de caso envolvendo a teoria dos jogos para otimizar um controlador PI para uma planta didática de temperatura. O trabalho, embora seja técnico e abranja conteúdos específicos da área de engenharia, permite-nos concluir como a teoria dos jogos também auxilia o desenvolvimento de programas computacionais e controladores.

SÍNTESE

Neste capítulo, abordamos as estratégias dominantes e analisamos diversos casos do equilíbrio de Nash.

Na seção "**A Batalha do Mar de Bismarck**", vimos que:

- a teoria dos jogos auxilia nas tomadas de decisões estratégicas, inclusive em casos de guerra;

- a matriz de *pay-offs* deve representar todos os resultados possíveis das interações estratégicas entre os jogadores;
- essa batalha ocorreu na Segunda Guerra Mundial entre as forças japonesas e as norte-americanas.

Na seção "**Estratégia dominante**", mostramos que:

- um caso clássico em que ocorreu a estratégia dominante foi a disputa pelo mercado de paletas mexicanas entre as empresas Los Paleteros e Mexileta;
- numa estratégia estritamente dominante, a estratégia escolhida pelo jogador é aquela que paga o maior *pay-off* entre todas as cabíveis a ele, considerando-se todas as possibilidades dos demais jogadores;
- numa estratégia fracamente dominante, a estratégia escolhida pelo jogador é aquela que paga um *pay-off* ao menos tão bom quanto qualquer outra estratégia, independentemente daquelas adotadas pelos outros jogadores;
- podemos analisar o resultado de um jogo estritamente dominado realizando a eliminação das possibilidades dominadas na matriz de *pay-offs*.

Na seção "**Equilíbrio de Nash**", verificamos que:

- o equilíbrio de Nash surge em um caso em que existe uma solução estratégica que ocorre quando cada um dos jogadores decide tomar a melhor opção possível, tendo em vista as respostas de todos os outros jogadores;
- o equilíbrio de Nash é uma situação em que nenhum dos outros jogadores tem incentivo para realizar uma mudança unilateral do jogo;
- no equilíbrio de Nash, os jogadores só atingem um resultado melhor quando agem de forma cooperativa, o que evidencia a diferença de resultados entre jogos cooperativos e jogos não cooperativos;
- existem vários casos de jogos que podem ser modelados pelo equilíbrio de Nash: "A prevenção de entrada", "O dilema do prisioneiro", "A batalha dos sexos", "A conta do bar", "O jogo da galinha" e tantos outros.

Na seção "**O dilema dos prisioneiros**", observamos que:

- esse jogo representa um modelo-base que explica uma boa parte de outros fenômenos;
- a solução do jogo evidencia a questão da diferença entre os resultados obtidos em jogos colaborativos e os obtidos em jogos não colaborativos;
- o equilíbrio de Nash nem sempre representa o melhor resultado para ambos os jogadores.

Na seção **"A batalha dos sexos e a conta do bar"**, destacamos que:

- a teoria dos jogos permite explicar a motivação que temos em determinados cenários de interação social;
- a conta do bar tende a ficar mais cara quando existe a decisão de partilhá-la igualmente entre todos os participantes;
- na escolha de eventos entre namorados, o equilíbrio de Nash ocorre quando um dos dois cede ao parceiro.

Como síntese deste capítulo, apresentamos os mapas mentais a seguir, que podem ajudá-lo a relembrar os tópicos discutidos. Também fica o convite para que você desenvolva seus próprios mapas mentais para fixar os conteúdos estudados.

Figura 3.2 – Mapa mental representando os conhecimentos aprendidos na seção "A Batalha do Mar de Bismarck"

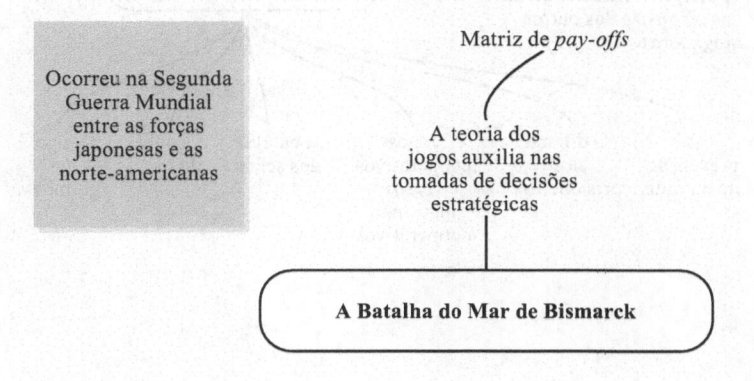

Matriz de *pay-offs*

Ocorreu na Segunda Guerra Mundial entre as forças japonesas e as norte-americanas

A teoria dos jogos auxilia nas tomadas de decisões estratégicas

A Batalha do Mar de Bismarck

Figura 3.3 – Mapa mental representando os conhecimentos aprendidos na seção "Estratégia dominante"

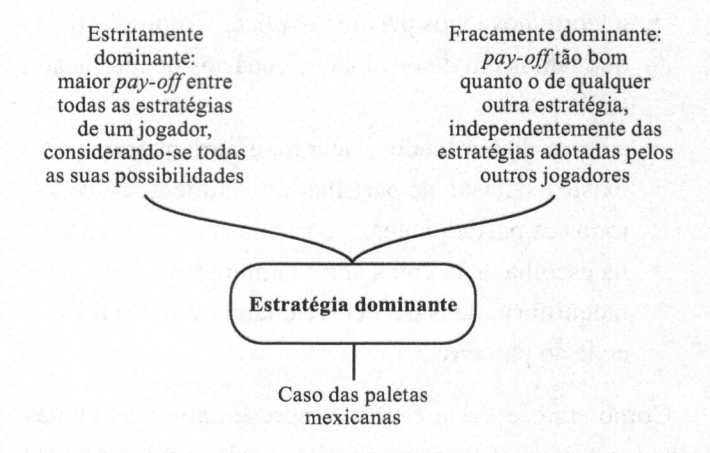

Estritamente dominante: maior *pay-off* entre todas as estratégias de um jogador, considerando-se todas as suas possibilidades

Fracamente dominante: *pay-off* tão bom quanto o de qualquer outra estratégia, independentemente das estratégias adotadas pelos outros jogadores

Estratégia dominante

Caso das paletas mexicanas

Figura 3.4 – Mapa mental representando os conhecimentos aprendidos na seção "Equilíbrio de Nash"

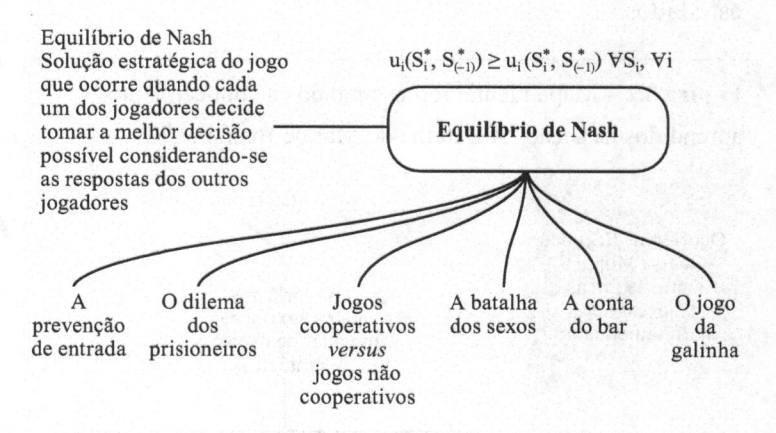

Equilíbrio de Nash Solução estratégica do jogo que ocorre quando cada um dos jogadores decide tomar a melhor decisão possível considerando-se as respostas dos outros jogadores

$$u_i(S_i^*, S_{(-i)}^*) \geq u_i(S_i^*, S_{(-i)}^*) \ \forall S_i, \forall i$$

Equilíbrio de Nash

A prevenção de entrada

O dilema dos prisioneiros

Jogos cooperativos *versus* jogos não cooperativos

A batalha dos sexos

A conta do bar

O jogo da galinha

Figura 3.5 – Mapa mental representando os conhecimentos aprendidos na seção "O dilema dos prisioneiros"

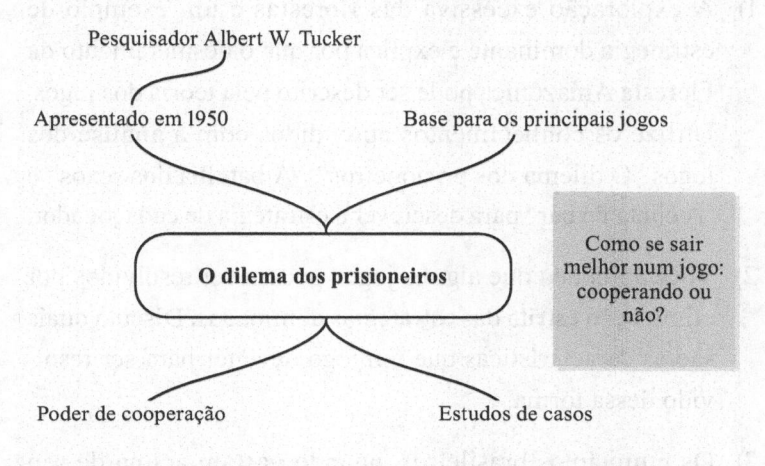

Figura 3.6 – Mapa mental representando os conhecimentos aprendidos na seção "A batalha dos sexos e a conta do bar"

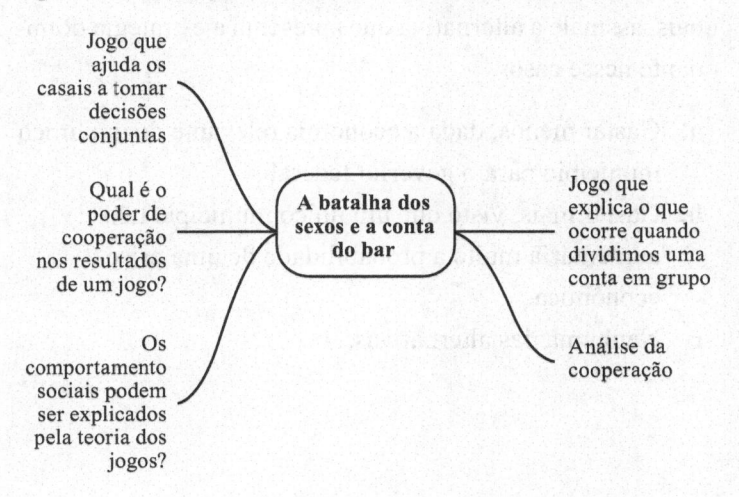

QUESTÕES PARA REVISÃO

1) A exploração excessiva das florestas é um exemplo de estratégia dominante e explica por que o desmatamento da Floresta Amazônica pode ser descrito pela teoria dos jogos. Utilize os conhecimentos aprendidos com a análise dos jogos "O dilema dos prisioneiros", "A batalha dos sexos" e "A conta do bar" para descrever a estratégia de cada jogador.

2) Você aprendeu que alguns jogos podem ser resolvidos por eliminação estrita das estratégias dominadas. Discuta quais são as características que um jogo deve ter para ser resolvido dessa forma.

3) Os municípios brasileiros, quando gastam acima de seu orçamento, recorrem ao governo federal para pedir socorro. Considerando os gestores do município como agentes racionais, assinale a alternativa que apresenta a estratégia dominante nesse caso:

   a. Gastar menos, dada a economia relevante de um único município para o governo federal.

   b. Gastar mais, visto que um único município não aumentaria muito a probabilidade de uma crise econômica.

   c. Nenhuma das alternativas.

4) Considere "O jogo da galinha", um jogo arriscado que ficou famoso nos anos 1950, pois, nele, os jovens norte-americanos dirigiam em rota de colisão. Quem desviasse antes era considerado o "fracote", enquanto aquele que não desviasse era considerado o "durão". Caso os dois desviassem, ninguém ganhava o jogo e, se ambos não desviassem, então acontecia um acidente gravíssimo, em muitos casos, fatal. Assinale a alternativa que apresenta o equilíbrio de Nash desse jogo:

a. {não desviar, não desviar}.
b. {desviar, desviar}.
c. {não desviar, desviar}.

5) Considere a seguinte matriz de *pay-offs* de um jogo estritamente dominado:

Empresa A	Empresa B	
	Aumentar as vendas	Aumentar os preços
Aumentar as vendas	(10, 40)	(10, 30)
Aumentar os preços	(20, 20)	(20, 30)

Levando em conta os resultados possíveis, assinale a alternativa que apresenta o resultado desse jogo com base no equilíbrio de Nash:

a. (10, 40).
b. (20, 20).
c. (20, 30).

CONTEÚDOS DO CAPÍTULO:

- Jogos estritamente competitivos.
- Estratégias mistas.
- Jogo da determinação simultânea de quantidades.
- Jogo da determinação simultânea de preços.
- Jogo da localização.

APÓS O ESTUDO DESTE CAPÍTULO, VOCÊ SERÁ CAPAZ DE:

1. compreender os jogos estritamente competitivos, conhecidos também como *jogos de soma zero*;
2. diferenciar jogos de estratégias puras de jogos de estratégias mistas e entender as modelagens deste último caso;
3. investigar casos simples do jogo da determinação simultânea de quantidades com base no modelo de Cournot;
4. analisar casos simples do jogo da determinação simultânea de preços com base no modelo de Bertrand;
5. investigar casos simples do jogo da localização para investigar o fator distância na determinação do equilíbrio de Nash.

4

Jogos econômicos

Com os estudos dos dois capítulos anteriores, você pôde verificar a importância da teoria dos jogos, especialmente para auxiliar nas tomadas de decisão de cada jogador. Entretanto, ainda existem desafios relacionados à forma de descrever uma situação real a fim de prever as melhores escolhas. Assim, neste capítulo, vamos começar a análise de duas fortes ferramentas, os jogos de estratégias puras dominantes e o equilíbrio de Nash, que permitirão a investigação de mais jogos. Também faremos a descrição de dois jogos simples e apresentaremos generalizações desse caso que surgem em problemas reais.

4.1 Jogos estritamente competitivos

Imagine uma situação em que as únicas empresas distribuidoras de pasta de dente de uma cidade estão disputando o mercado local. Como todos os habitantes consomem pelo menos uma das duas marcas, o aumento da participação de uma das empresas implica diretamente a redução da participação da outra. Esse tipo de jogo é conhecido como *jogo estritamente competitivo* ou, matematicamente, *jogo de soma zero*. Nesse caso, podemos escrevê-lo como:

$$U_a\left(s_i^a, s_j^b\right) \geq U_a\left(s_j^a, s_i^b\right) \Rightarrow U_b\left(s_i^a, s_j^b\right) \geq U_b\left(s_j^a, s_i^b\right)\left(s_j^a, s_i^b\right)$$

A função *U* representa a função recompensa de cada jogador. Assim, podemos mostrar que:

$$U_a\left(s_i^a, s_j^b\right) = -U_b\left(s_i^a, s_j^b\right)$$

Isso ocorre porque, num jogo estritamente competitivo, o que um dos jogadores quer é exatamente o que o outro não quer, e vice-versa. Desse modo, a estratégia adotada por um jogador buscando maximizar sua recompensa é a versão equivalente de minimizar a recompensa do outro jogador.

Uma das implicações dessa estratégia é que, independentemente das estratégias que cada um dos jogadores adotar, nunca haverá uma combinação que é preferível para ambos simultaneamente. Por isso, esses modelos são geralmente utilizados em mercados altamente competitivos ou em situações de guerra.

Como aponta Santos (2016, p. 40), "estas situações que apresentam a característica que as partes envolvidas (os jogadores) possuem interesses que são totalmente opostos, que seja, são irreconciliáveis. Esta interação estratégica, conflito irreconciliável, é denominada de jogo estritamente competitivo".

Nesses casos, como explica Fiani (2015, p. 191), a estratégia pode ser um pouco diferente: "Quando os jogadores partem do princípio de que os demais jogadores podem surpreendê-los, intencionalmente ou não, é razoável supor que eles podem escolher tomar suas decisões tentando evitar o pior resultado que podem obter".

EXEMPLIFICANDO

Considere o jogo do apadrinhamento que surge em certas situações eleitorais. Nesse contexto, um candidato a vereador decide lançar sua campanha para o pleito do ano seguinte. Para conseguir angariar votos suficientes, ele adota pessoas conhecidas como cabos eleitorais, que possam expandir sua campanha e conseguir uma quantidade significativa de votos. Porém, a decisão que ele precisa tomar é se apadrinhará seus cabos eleitorais, de forma que terão empregos públicos garantidos no caso de ele vencer a eleição.

Agora, vamos considerar um pleito envolvendo dois vereadores: o vereador da situação e o da oposição. Ambos precisam formar sua base eleitoral com a ajuda dos cabos eleitorais, contudo, mesmo sem a ajuda destes, a chance de o vereador da situação angariar mais votos é maior, em virtude das obras e das melhorias realizadas nos últimos anos do governo.

Nesse cenário, aparece uma curiosidade acerca do jogo de soma zero. Podemos levar em conta apenas a chance de vitória, isto é, a recompensa, de um dos jogadores. Isso porque, considerando-se as únicas possibilidades, a chance total é de 100%. Vejamos a matriz de *pay-offs* desse jogo.

Matriz 4.1 – Matriz de *pay-offs* do jogo do apadrinhamento, indicando os resultados obtidos pelas estratégias adotadas pelos candidatos da oposição e da situação

Candidato da oposição	Candidato da situação	
	Com cabo eleitoral	Sem cabo eleitoral
Com cabo eleitoral	50%	60%
Sem cabo eleitoral	20%	40%

Perceba, pela leitura da matriz de *pay-offs*, que estamos representando a chance, em percentual, da vitória do candidato da oposição. Nesse caso, evidenciam-se as seguintes situações:

- Se os candidatos prometerem empregos a seus cabos eleitorais, ambos terão 50% de chance de vitória.
- Se o candidato da situação não comprar seus cabos eleitorais, mas o candidato da oposição o fizer, a chance de vitória deste subirá para 60%, como pode ser lido na tabela. Por consequência, o candidato da situação terá 40% de chance, visto que a soma dos percentuais de votos de ambos precisa totalizar 100%.
- Se o candidato da oposição não comprar seus cabos eleitorais, mas o candidato da situação o fizer, a chance daquele será de apenas 20% e, por consequência, a chance de vitória do candidato da situação será de 80%.
- Por fim, se nenhum deles investir em cabos eleitorais, haverá 40% de chance de vitória do candidato da oposição contra 60% de chance do candidato da situação.

Observe que não precisamos indicar todas as porcentagens na tabela, isto é, não há a necessidade, nesse caso, de representar as porcentagens do candidato da situação na tabela. Porém, temos de lembrar que o jogador que está nas linhas quer maximizar suas recompensas, enquanto o jogador que está nas colunas quer minimizá-las, uma vez que isso aumentaria suas próprias recompensas.

A técnica para analisar o resultado do jogo é a **maximin/minimax**. Vamos pensar do ponto de vista do candidato da situação. Se o candidato da oposição escolher {prometer}, sua melhor opção será {prometer}; se o candidato da oposição escolher {não prometer}, sua melhor opção será, também, {prometer}. Do ponto de vista do candidato da oposição, se o candidato da situação escolher {prometer}, sua melhor opção será {prometer}; se aquele escolher {não prometer}, sua melhor opção será {prometer}.

Assim, o equilíbrio ocorre justamente quando ambos prometem o emprego, apadrinhando seus cabos eleitorais.

Questão para reflexão

Você aprendeu que alguns jogos, conhecidos como *jogos de soma zero*, podem ser modelados apenas do ponto de vista de um único jogador. Explique por que esse fenômeno é possível, utilizando o exemplo comentado anteriormente.

4.2 Estratégias mistas

Até agora, abordamos jogos com estratégias puras, isto é, não existe nenhum fator surpresa na decisão de cada jogador. Contudo, sabemos que estratégias que envolvem algum grau de surpresa podem alterar significativamente o resultado. Dessa forma, quando analisamos estratégias mistas, trata-se de casos em que um jogador tenta surpreender ou evitar de ser surpreendido.

Quando estamos nesse tipo de jogo, a estratégia mais racional é tentar evitar o pior resultado que poderíamos obter. Perceba que, antes, a busca consistia em tentar obter o melhor resultado possível. Aqui, nosso interesse é neutralizar os efeitos que a estratégia do outro jogador causa em nós.

O QUE É

Fiani (2015, p. 192, grifo nosso) diferencia as duas estratégias:

> Quando, em vez de escolher entre suas estratégias uma dada estratégia para jogá-la com certeza, um jogador decide alternar entre suas estratégias aleatoriamente, atribuindo uma probabilidade a cada estratégia a ser escolhida, diz-se que o jogador utiliza **estratégias mistas**. Caso contrário, diz-se que emprega **estratégias puras**.

Figura 4.1 – Milésimo gol do Pelé

AP Photo/Imageplus

Nesse sentido, podemos relembrar um clássico jogo de futebol num momento de cobrança de um pênalti. Pelé marcou seu milésimo gol em 1969, no Maracanã, jogando pelo Santos contra o Vasco da Gama. Na ocasião, o goleiro Andrada deveria decidir entre pular para o lado direito ou para o lado esquerdo, enquanto Pelé deveria decidir entre chutar para o lado esquerdo ou para o lado direito.

Trata-se, nesse caso, de um clássico exemplo de estratégia mista. Afinal, Pelé, que era canhoto, tinha mais habilidade para chutar com sua perna esquerda. Conhecendo esse fato, Andrada poderia aproveitar para escolher o lado com mais probabilidade de a bola ser chutada e tentar defendê-la com uma chance de sucesso maior. Entretanto, sabendo que o goleiro adotaria essa postura, Pelé poderia decidir chutar para o outro lado para surpreendê-lo. A história mostra que Pelé acertou o gol, mesmo que tenha chutado para seu lado preferencial e mesmo que Andrada tenha escolhido a direção correta. No entanto, estudos das estratégias mistas na teoria dos jogos podem melhorar a chance de sucesso de cada jogador.

Essa proposta, envolvendo a probabilidade de determinada estratégia ser utilizada pelos outros jogadores, é compreendida dentro do cenário das estratégias mistas. Como esclarece Santos (2016, p. 46),

> Os jogadores, diante da possibilidade de uma surpresa desagradável, adotam uma postura de "perder pouco é ganhar muito", ou o popular "dos males o menor ". E desta forma, aplicam algum mecanismo de aleatoriedade. Essa postura, alternar estratégias sem saber previamente qual será adotada, ou seja, aplicando uma certa distribuição de probabilidades, pode parecer estranha ao leitor, se não irracional, afinal entregar ao "azar" a determinação de nossas ações (estratégia empregada) é aparentemente uma loucura.

Exemplificando

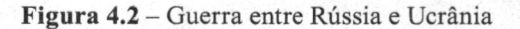

Figura 4.2 – Guerra entre Rússia e Ucrânia

Tomasz Makowski/Shutterstock

Vamos considerar um jogo que ocorreu frequentemente durante a Guerra Fria, relacionada à ameaça do uso de armas nucleares. Afinal, após os eventos de Hiroshima e Nagasaki, na Segunda Guerra Mundial, a tensão associada à possibilidade de outra bomba atômica modificou as formas de negociação na política internacional. Os Estados Unidos e a União Soviética passaram por momentos complicados relacionados a tais ameaças e, recentemente, em 2022, presenciamos uma condição similar envolvendo a Rússia e a Ucrânia.

Matriz 4.2 – Matriz de *pay-offs* da guerra entre Rússia e Ucrânia em relação às opções {ameaçar} e {não ameaçar} com o uso de armas nucleares, apresentando valores fictícios de danos

Ucrânia	Rússia	
	Ameaçar	Não ameaçar
Ameaçar	(−1 000, −1 000)	(100, −100)
Não ameaçar	(−100, 100)	(0, 0)

Como você já sabe realizar a leitura da matriz de *pay-offs*, pode compreender o funcionamento desta que estamos examinando agora:

- Se um dos países ameaçar utilizar as armas nucleares e o outro não, aquele que ameaçou conseguirá avançar nas negociações, ganhando benefícios de seu oponente.
- Se ambos não ameaçarem, a situação continuará a mesma nas negociações.
- Se ambos ameaçarem utilizar as armas nucleares, a situação avançará na direção de um colapso, com perdas significativas para os dois países, dada a gravidade de uma guerra nuclear.

Perceba que, se fosse um jogo colaborativo, ambos poderiam entrar em negociação, coordenando suas ações, para evitar o pior cenário possível. Nesse caso, o equilíbrio de Nash seria {ameaçar, não ameaçar} e {não ameaçar, ameaçar}. Porém, como a guerra geralmente não envolve colaboração, estaríamos tratando de um fato similar ao jogo "O dilema dos prisioneiros", caso estivéssemos envolvendo estratégias puras.

Todavia, sabendo que um dos países pode decidir surpreender o outro, podemos modelar esse problema utilizando o conceito de estratégias mistas. Nesse caso, precisamos considerar que existe uma probabilidade p de que a Ucrânia use seu aparato nuclear. A probabilidade complementar, aquela que indica a probabilidade de que a Ucrânia não use seu arsenal, é dada por $1 - p$. De forma similar, q e $1 - q$ são as probabilidades de uso e de não uso do arsenal nuclear da Rússia. Por exemplo, sendo $q = 20\% = 0,2$, sabemos que $1 - q = 1 - 0,2 = 0,8 = 80\%$. Assim, adicionamos tais informações na matriz de *pay-offs*.

Matriz 4.3 – Matriz de *pay-offs* do mesmo jogo anterior entre Rússia e Ucrânia, mas considerando a existência de uma probabilidade para cada jogada

Ucrânia	Rússia	
	Ameaçar (q)	Não ameaçar (1 – q)
Ameaçar (p)	(–1 000 000, –1 000)	(100, –100)
Não ameaçar (1 – p)	(–100, 100)	(0, 0)

Para analisarmos esse cenário, vamos considerar o cálculo do **valor esperado**, ou **esperança matemática**, de cada combinação de jogos. Devemos calcular a soma do produto de cada uma das probabilidades de saída pelo respectivo resultado:

$$E(x) = \sum_{i=1}^{n} x_i \cdot p(x_i)$$

Nessa expressão, x_i indica o valor de determinado evento, enquanto $p(x_i)$ representa sua probabilidade de ocorrência. Então, vejamos, em detalhes, como encontrar a recompensa esperada de cada situação.

Do ponto de vista da Ucrânia, caso ela decida ameaçar, terá um prejuízo de 1 000 se a Rússia também resolver ameaçar, mas um lucro de 100 caso a Rússia decida não ameaçar. Desse modo, seu valor esperado é dado por:

$$RE_{Up} = -1\,000q + 100(1 - q)$$

$$RE_{Up} = -900q + 100$$

Aqui, RE_{Up} representa o resultado esperado pela Ucrânia caso ela decida ameaçar. Se ela decidir não ameaçar, terá um prejuízo de 100 se a Rússia resolver ameaçar e nenhum lucro caso a Rússia resolva não ameaçar. Logo, seu valor esperado é:

$$RE_{U\sim p} = -100q$$

Do ponto de vista da Rússia, você deve ser capaz de ver que o problema é simétrico, de forma que podemos obter as duas situações quanto ao valor esperado:

$$RE_{Rq} = -1\ 000p + 100(1-p)$$
$$RE_{Rq} = -900p + 100$$
$$RE_{R \sim q} = -100p$$

Podemos, então, ampliar a matriz de *pay-offs* para adicionar as recompensas esperadas pelos dois países.

Matriz 4.4 – Matriz de *pay-offs* anterior ampliada, indicando a recompensa esperada tanto pela Rússia quanto pela Ucrânia

Ucrânia	Rússia		
	Ameaçar (q)	Não ameaçar (1 – q)	Recompensa esperada pela Ucrânia
Ameaçar (p)	(–1 000, –1 000)	(100, –100)	–900q + 100
Não ameaçar (1 – p)	(–100, 100)	(0, 0)	–100q
Recompensa esperada pela Rússia	–900p + 100	–100p	

Nessa matriz, as recompensas esperadas estão escritas em termos de uma estratégia certa de cada país. Mas podemos escrever a recompensa esperada total da Ucrânia, REU, e a recompensa esperada total da Rússia, RER, dadas por:

$$REU = p \cdot (-900q + 100) + (1-p) \cdot (-100q)$$
$$REU = -800pq + 100p - 100q$$
$$RER = q \cdot (-900p + 100) + (1-q)(-100p)$$
$$RER = -800pq + 100q - 100p$$

A análise ficará mais simplificada se colocarmos p em evidência, no caso de REU, e q, no caso de RER, obtendo:

$$REU = p(100 - 800q) - 100q$$
$$RER = q(100 - 800p) - 100p$$

Note que, do ponto de vista da Ucrânia, para que a Rússia seja indiferente à opção realizada por ela, é preciso garantir que:

$$100 - 800q = 0$$
$$q = \frac{100}{800} = \frac{1}{8}$$

Dessa maneira, adotando a estratégia mista dada por $(q, 1 - q) = \left(\frac{1}{8}, \frac{7}{8}\right)$, isto é, escolhendo ameaçar o uso de seu arsenal com 12,5% de chance, a Ucrânia conseguirá seu melhor resultado.

De forma similar, podemos mostrar que, se a Ucrânia adotar a estratégia mista $(p, 1 - p) = \left(\frac{1}{8}, \frac{7}{8}\right)$, obterá seu melhor resultado.

Com esse tratamento envolvendo a probabilidade de um evento acontecer, podemos revisitar a diferença entre estratégias mistas e estratégias puras, conforme discutido por Santos (2016, p. 47):

> Quando, em vez de escolher entre suas estratégias uma dada, e específica estratégia para jogá-la com certeza (em termos matemáticos com probabilidade igual a 1), um jogador (ou

mais de um, ou mesmo todos) decide alternar entre suas estratégias de forma aleatória, atribuindo uma probabilidade (entre 0 e 1, obviamente) a cada estratégia a ser escolhida, diz que o jogador utiliza estratégias mistas. Caso contrário, ou seja, se o jogador escolhe uma e determinada estratégia (sem aplicação de uma distribuição de probabilidades), diz-se que emprega estratégias puras.

QUESTÃO PARA REFLEXÃO

Você aprendeu que, mesmo que as jogadas de cada jogador não sejam determinísticas, existindo uma probabilidade de que cada uma seja realizada, podemos modelar esse jogo utilizando os métodos de estratégias mistas da teoria dos jogos. Explique como a teoria das probabilidades pode auxiliar na modelagem desse tipo de problema, utilizando o exemplo anterior como base da discussão.

4.3 Jogo da determinação simultânea de quantidades

Agora, vamos imaginar duas empresas produtoras e distribuidoras de areia de certo município. A areia pode ser entendida como um produto homogêneo, visto que não existe como diferenciar cada uma das cargas. Como estamos tratando de um produto homogêneo, vamos analisar a interação estratégica de um oligopólio. Nesse caso, o único fator que interfere na decisão de compra de determinado cliente é o preço. Assim, vamos investigar o que ocorre quando essas duas empresas decidem, de forma simultânea, determinar a quantidade de bens produzidos e distribuídos. O método de solução é o modelo de Cournot, e vamos examinar seu caso mais simples.

Faremos isso de modo similar ao realizado anteriormente, investigando a recompensa de cada cenário. Perceba que, nesse cenário, existe uma saturação do mercado indicado pela demanda do produto. Dessa maneira, vamos considerar que a curva de demanda é dada por suposição, como:

$$p = 100 - q_A - q_B$$

Note que o preço, no caso de quase não haver produção e distribuição por nenhuma das duas empresas, é próximo de R$ 100,00. Ao aumentar os níveis de produção e de distribuição, o preço vai diminuindo em razão do aumento da oferta: esse aumento pode ser consequência da produção da empresa A, q_A, ou da empresa B, q_B.

Assim, poderemos calcular a receita total de cada uma das duas empresas. Para isso, basta multiplicarmos o preço de mercado pela quantidade vendida. Então, obteremos, para cada uma das empresas:

$$RT_A = p \cdot q_A$$
$$RT_A = \left(100 - q_A - q_B\right) \cdot q_A$$
$$RT_A = 100q_A - q_A^2 - q_A q_B$$
$$RT_B = p \cdot q_B$$
$$RT_B = \left(100 - q_A - q_B\right) \cdot q_B$$
$$RT_B = 100q_b - q_B^2 - q_A q_B$$

Como a recompensa (resultado do jogo) será o lucro da operação, podemos investigar o custo de cada empresa. Nesse caso, vamos considerar que as empresas têm o mesmo custo, dado por:

$$C_A = 4q_A$$
$$C_B = 4q_B$$

Agora, escrevemos a função recompensa, u_A e u_B, para cada uma das empresas:

$$u_A = RT_A - C_A$$
$$u_A = 100q_A - q_A^2 - q_A q_B - 4q_A$$
$$u_A = 96q_A - q_A^2 - q_A q_B$$
$$u_B = RT_B - C_B$$
$$u_B = 100q_B - q_B^2 - q_A q_B - 4q_B$$
$$u_B = 96q_B - q_B^2 - q_A q_B$$

Como as duas empresas decidiram maximizar sua recompensa e cada uma delas controla apenas sua própria produção, podemos encontrar o ponto ótimo utilizando o teste da derivada primeira:

$$\frac{\partial u_A}{\partial q_A} = 0$$

$$\frac{\partial u_A}{\partial q_A} = 96 - 2q_A - q_B = 0$$

$$q_A = 48 - \frac{q_B}{2}$$

$$\frac{\partial u_B}{\partial q_B} = 0$$

$$\frac{\partial u_B}{\partial q_B} = 96 - 2q_B - q_A = 0$$

$$q_B = 48 - \frac{q_A}{2}$$

Observe que as expressões para o nível de produção ótimo tanto da empresa *A* quanto da empresa *B* dependem do nível de produção **esperado** do concorrente. O equilíbrio de Nash ocorre quando a empresa concorrente produz exatamente o que foi esperado pela outra. Nesse caso, ela se decidiu pela melhor produção possível dado o valor esperado. Dessa forma, tratamos as funções encontradas por meio de um sistema de equações:

$$\begin{cases} q_A = 48 - \dfrac{q_B}{2} \\ q_B = 48 - \dfrac{q_A}{2} \end{cases}$$

Resolvendo para q_A, obtemos:

$$q_A = 48 - \frac{q_B}{2}$$

$$q_A = 48 - \frac{\left(48 - \dfrac{q_A}{2}\right)}{2}$$

$$q_A = 32$$

De forma equivalente, resolvendo para q_B, encontramos:

$$q_B = 32$$

O equilíbrio de Nash será, então, $(q_A, q_B) = (32, 32)$.

Para saber mais

FIANI, R. **Teoria dos jogos**: com aplicações em economia, administração e ciências sociais. Rio de Janeiro: Campus, 2015.
Existem outros modelos para o jogos de determinação simultânea de quantidades. Caso queira analisá-los, como no caso daqueles que envolvem a formação de cartel ou que abrangem mais de duas empresas, você pode começar a leitura por esse livro de Ronaldo Fiani.

Exemplificando

Vamos analisar, agora, um caso mais complexo envolvendo o modelo de Cournot, isto é, um jogo de determinação simultânea de quantidades entre duas empresas, a Placonas e a Plaquinhas, únicas produtoras de placas de trânsito, que estão disputando, num duopólio, a quantidade de placas produzidas.

As prefeituras de diferentes municípios demandam esse tipo de produto, mas, quanto mais alto for o preço determinado pelas empresas, mais as prefeituras deixarão de procurar as placas, ao passo que, quanto menor for o preço encontrado no mercado, mais os governos estarão propensos a comprar o material. Desse modo, percebemos que existe uma relação entre a quantidade produzida e seu preço, dada, nesse exemplo, por:

$$q = \frac{50 - p}{2}$$

Escrevendo na forma inversa (função demanda), temos:

$$p(q) = 50 - 2q$$

em que p representa o preço e q representa a quantidade demandada em milhares de placas. Dessa maneira, sabendo que as empresas compõem um duopólio, sendo as únicas fornecedoras desse tipo de material, podemos escrever:

$$p(q_1, q_2) = 50 - 2(q_1 + q_2)$$

sendo q_1 a quantidade produzida pela empresa Placonas e q_2 a quantidade produzida pela empresa Plaquinhas. Assim, as duas têm custos diferentes para produzir o mesmo material. No caso da Placonas, seu custo é dado por:

$$C_1(q_1) = 0,5q_1^2$$

No caso da Plaquinhas, seu custo é dado por:

$$C_2(q_2) = 0,4q_2^2$$

Para discutirmos qual seria o equilíbrio de Nash desse problema, vamos determinar a **função de reação** de cada uma das empresas, que representa o quanto cada uma deve produzir, tendo em vista os diferentes níveis de produção das demais empresas. Para isso, veja que o lucro, isto é, a recompensa de cada jogador, no caso da empresa Placonas, é dada por:

$$\Pi_1(q_1, q_2) = p(q_1, q_2) \cdot q_1 - C_1(q_1)$$

Isso porque o lucro é a diferença entre a receita, dada pelo preço vezes a quantidade, e o custo de produção. Nesse caso, temos:

$$\Pi_1 = \left(50 - 2\left(q_1 + q_2\right)\right) \cdot q_1 - 0,5q_1^2$$

$$\Pi_1 = 50q_1 - 2,5q_1^2 - 2q_1q_2$$

No caso da empresa Plaquinhas, seu lucro será dado por:

$$\Pi_2\left(q_1, q_2\right) = p\left(q_1, q_2\right) \cdot q_2 - C_2\left(q_2\right)$$

Ou seja:

$$\Pi_2 = \left(50 - 2\left(q_1 + q_2\right)\right) \cdot q_2 - 0,4q_2$$

$$\Pi_2 = 50q_2 - 2,4q_2^2 - 2q_1q_2$$

Perceba que, embora as empresas não controlem o nível de produção de seu concorrente, visto o caráter não cooperativo do jogo, ambas têm como objetivo maximizar sua função lucro (função resultado). Sabemos, pelos conhecimentos adquiridos em cursos de cálculo diferencial e integral, que isso ocorrerá, no caso da empresa Placonas, num ponto crítico, que ocorre quando:

$$\frac{\partial \Pi_1}{\partial q_1} = 0$$

Derivando essa equação, obtemos:

$$50 - 5q_1 - 2q_2 = 0$$

$$q_1\left(q_2\right) = \frac{50 - 2q_2}{5}$$

Essa função, que representa o teste da derivada primeira, é, na teoria dos jogos e na teoria microeconômica, conhecida como *função de reação*, justamente porque mostra qual será a quantidade produzida com vistas ao maior lucro possível, considerando-se o nível de produção da outra empresa. Claro que poderíamos avaliar se realmente esse ponto crítico é de maximização, verificando o teste da derivada segunda no ponto analisado.

Para a empresa Plaquinhas, determinamos o ponto crítico da função recompensa, que é dado por:

$$\frac{\partial \Pi_2}{\partial q_2} = 0$$

Derivando essa equação, obtemos:

$$50 - 4{,}8q_2 - 2q_1 = 0$$

$$q_2(q_1) = \frac{50 - 2q_1}{4{,}8}$$

Esse é um ponto de maximização. Então, o equilíbrio de Nash será aquele que atende ao sistema:

$$\begin{cases} q_1 = \dfrac{50 - 2q_2}{5} \\[2ex] q_2 = \dfrac{50 - 2q_1}{4{,}8} \end{cases}$$

Assim, obtemos:

$$q_1 = \frac{50 - 2q_2}{5}$$

$$q_1 = \frac{50 - 2\left(\dfrac{50 - 2q_1}{4,8}\right)}{5}$$

$$q_1 = 7$$

$$q_2 = 7,5$$

Aqui, o equilíbrio de Nash é dado por $(q_2, q_2) = (7; 7,5)$. Note que, nesse caso, teremos um total de:

$$q = q_1 + q_2 = 14,5 \text{ mil unidades}$$

Essa quantidade é vendida a um preço unitário dado por:

$$p(q_1, q_2) = 50 - 2(q_1 + q_2) = 21$$

Isso fornece um lucro para a empresa Placonas e para a empresa Plaquinhas, respectivamente, de:

$$\Pi_1 = 122,5$$

$$\Pi_2 = 135$$

Observe que esse resultado ocorre quando não tratamos o jogo em sua forma cooperativa, isto é, as empresas do duopólio não formam um cartel para decidirem, juntas, a quantidade de placas produzidas e, consequentemente, o preço de mercado.

EXEMPLIFICANDO

Vamos considerar, agora, o que ocorre quando as empresas se juntam em um acordo de cooperação. Qual será a produção ideal para maximizar o lucro conjunto das empresas Placonas e Plaquinhas?

Nesse caso, a função resultado é dada por:

$$\Pi = \Pi_1 + \Pi_2$$

$$\Pi = \left(50 - 2(q_1 + q_2)\right) \cdot (q_1 + q_2) - 0{,}5q_1^2 - 0{,}4q_2^2$$

$$\Pi = 50(q_1 + q_2) - 2(q_1 + q_2)^2 - 0{,}5q_1^2 - 0{,}4q_2^2$$

Para maximizar esse lucro, em relação a q_1, temos a seguinte derivada:

$$\frac{\partial \Pi}{\partial q_1} = 0$$

$$\frac{\partial \Pi}{\partial q_1} = 50 - 4(q_1 + q_2) - q_1 = 0$$

$$50 - 5q_1 - 4q_2 = 0$$

$$q_1(q_2) = \frac{50 - 4q_2}{5}$$

Em relação a q_2, temos a seguinte derivada:

$$\frac{\partial \Pi}{\partial q_2} = 50 - 4(q_1 + q_2) - 0{,}8q_2 = 0$$

$$50 - 4q_1 - 4{,}8q_2 = 0$$

$$q_2(q_1) = \frac{50 - 4q_1}{4{,}8}$$

Resolvendo o sistema de equações, encontramos qual é o nível de produção esperado para maximizar o lucro de ambas as empresas sob cartel:

$$\begin{cases} q_1 = \dfrac{50 - 4q_2}{5} \\ q_2 = \dfrac{50 - 4q_1}{4,8} \end{cases}$$

$$\left(q_1, q_2\right) = \left(5; 6,2\right)$$

Assim, o cenário que maximiza o lucro de ambas as empresas ocorrerá quando a Placonas produzir 5 mil placas e a Plaquinhas, 6,2 mil placas. Perceba que o total de placas produzidas será de:

$$q = q_1 + q_2 = 11,2 \text{ mil unidades}$$

Essa quantidade é vendida a um preço unitário de:

$$p(q) = 50 - 2q = 27,6$$

Nesse caso, o lucro da Placonas será:

$$\Pi_1 = 125,5$$

Por sua vez, o lucro da empresa Plaquinhas será:

$$\Pi_2 = 155,75$$

Note que, trabalhando em cartel, a empresa Placonas saiu de um lucro de 122,5 para um lucro de 125,5, ao passo que a Plaquinhas saiu de um lucro de 135 para um lucro de

155,75. Mas por que essa condição não representa um equilíbrio de Nash, embora seja melhor para ambas as empresas? Para compreender isso, vamos analisar duas situações distintas. Suponha que as empresas Placonas e Plaquinhas formem um cartel para vender e alcançar um resultado melhor do que o equilíbrio de Nash, produzindo $(q_1, q_2) = (5; 6,2)$. Na primeira situação, supomos que a Placonas decide quebrar o cartel e, sabendo que a Plaquinhas produzirá 6,2 mil placas, escolhe maximizar seu lucro. Nesse caso, sua função recompensa será dada por:

$$\Pi_1 = \left(50 - 2\left(q_1 + 6,2\right)\right) \cdot q_1 - 0,5q_1^2$$

$$\Pi_1 = 37,6q_1 - 2,5q_1^2$$

Se a Placonas decidir maximizar sua função recompensa, terá de fazer:

$$\frac{\partial \Pi_1}{\partial q_1} = 0$$

$$37,6 - 5q_1 = 0$$

$$q_1 = 7,52$$

Dessa forma, o melhor para a Placonas, sabendo que a Plaquinhas produzirá 6,2 mil unidades, será produzir 7,52 mil unidades. Nesse caso, o total fabricado será:

$$q = q_1 + q_2 = 6,2 + 7,52 = 13,72 \text{ mil placas}$$

Essa quantidade é vendida a um preço unitário de:

$$p(q) = 50 - 2q = 50 - 2 \cdot 13,72 = 22,56$$

Como a empresa Placonas venderá 7,52 mil unidades, lucrará um total de:

$$\Pi_1 = 141,37$$

Já empresa Plaquinhas venderá 6,2 mil unidades, lucrando um total de:

$$\Pi_2 = 120,65$$

Agora, vamos considerar um segundo cenário, em que a empresa traidora é a Plaquinhas, que, sabendo que a empresa Placonas vai produzir um total de 5 mil unidades, decide escolher um nível de produção para maximizar seu lucro. Nesse caso, teremos sua função recompensa dada por:

$$\Pi_2 = \left(50 - 2\left(5 + q_2\right)\right) \cdot q_2 - 0,4q_2^2$$

$$\Pi_2 = 40q_2 - 2,4q_2^2$$

Sua maximização também deve ser analisada utilizando-se o teste da derivada primeira:

$$\frac{\partial \Pi_2}{\partial q_2} = 0$$

$$\frac{\partial \Pi_2}{\partial q_2} = 40 - 4,8q_2 = 0$$

$$q_2 = 8,33$$

Aqui, no caso de traição pela empresa Placonas, teremos $\left(q_1, q_2\right) = \left(5; 8,33\right)$, sendo produzido um total de:

$$q = q_1 + q_2 = 5 + 8,33 = 13,33 \text{ mil placas}$$

Essa quantidade é vendida a um preço unitário de:

$$p = 50 - 2q = 50 - 2 \cdot 13,33 = 23,33$$

Veja que, nesse cenário, o lucro da Placonas e da Plaquinhas será, respectivamente:

$$\Pi_1 = 104,17$$

$$\Pi_2 = 166,58$$

Assim, você deve notar que, por trás desse exemplo, está, na verdade, um jogo em que ambas as empresas decidem entre cooperar em {cartel} ou {trair}, isto é, elas precisam escolher se mantêm o combinado ou se competem entre si. Com os dados de recompensa de cada um dos quatro cenários analisados neste e no exemplo anterior, podemos escrever a matriz de *pay-offs*.

Matriz 4.5 – Matriz de *pay-off* da decisão das empresas Placonas e Plaquinhas entre formar um {cartel} e {trair}

Placonas	Plaquinhas	
	Cartel	Trair
Cartel	(125,5; 155,75)	(104,17; 166,58)
Trair	(141,37; 120,35)	(122,5; 135)

Como o problema está escrito em sua forma normal, podemos rapidamente concluir qual é o equilíbrio de Nash: {trair, trair}. Isto é, ambas as empresas continuarão competindo nesse mercado, de acordo com o modelo de Cournot.

Nesse cenário, você precisa perceber que formar um cartel, ainda assim, gera um resultado melhor para as empresas do que a atuação individual, ou seja, a formação do cartel promove um resultado mais eficiente do relacionamento. Entretanto, esse resultado, que pode ser obtido com jogos em sua forma cooperativa, só poderá ser analisado em detalhes quando tratarmos de jogos infinitamente repetidos, no último capítulo, em que veremos como podemos incentivar a colaboração entre os jogadores.

4.4 Jogo da determinação simultânea de preços

Voltemos ao problema anterior, no qual investigamos o que ocorre quando as empresas produtoras e distribuidoras de areia decidem determinar o melhor nível de quantidade fabricada. Vamos realizar uma alteração na problemática para analisar o que ocorreria se, em vez da quantidade de bens produzidos, cada uma precisasse estabelecer seus preços simultaneamente. Esse método é conhecido como *modelo de Bertrand*, e vamos considerar um caso em que as duas empresas não têm restrição de capacidade, isto é, podem produzir indefinidamente.

A diferença, agora, é que, sendo os produtos (areia) da mesma qualidade e sem distinção, isto é, homogêneos, caso uma das duas empresas decida lançar no mercado um produto com um preço acima do outro, verá suas vendas se anularem, visto que a decisão dos consumidores leva em conta apenas o preço.

Nesse caso, vamos usar a mesma curva de demanda para obtermos o mesmo preço do exemplo anterior. A diferença é que não precisamos diferenciar q_A e q_B, de modo que podemos escrevê-la de forma simplificada:

$$p = 100 - q$$

Sabemos que $q = q_A + q_B$, mas vamos escrever as funções de recompensa em termos do preço que cada empresa vai estipular, isto é, por p_A e p_B. Vamos supor também que o custo é o mesmo de antes, dado por:

$$C_A = 4q_A$$
$$C_B = 4q_B$$

Então, a função recompensa das empresas *A* e *B* serão dadas, respectivamente, por:

$$u_A = \begin{cases} (p_A - 4q_A)(100 - p_A), & \text{se } p_A < p_B \\ \dfrac{(p_A - 4q_A)(100 - p_A)}{2}, & \text{se } p_A = p_B \\ 0, & \text{se } p_A > p_B \end{cases}$$

$$u_B = \begin{cases} (p_B - 4q_B)(100 - p_B), & \text{se } p_B < p_A \\ \dfrac{(p_B - 4q_B)(100 - p_B)}{2}, & \text{se } p_B = p_A \\ 0, & \text{se } p_B > p_A \end{cases}$$

Lendo a_A – e, de forma equivalente, podemos fazê-lo para u_B –, notamos que, se o preço de *A* for maior do que o preço de *B*, a empresa *A* dominará todo o mercado, ganhando por toda a produção e distribuição de areia do município. Entretanto, se ela decidir adotar o mesmo preço da concorrente, dividirá o mercado igualmente. Caso opte por um preço maior do que o da concorrente, não venderá nada.

Para analisarmos o equilíbrio de Nash, precisamos perceber que, digamos, se a empresa A se decidisse por um preço p_A qualquer, seria interessante que a empresa B assumisse um preço p_B apenas infinitesimalmente menor do que p_A. Nesse cenário, a empresa A seria capaz de zerar as vendas de B e lucrar o máximo possível, dada essa situação. Assim, a nova decisão de A deveria ser lançar o preço infinitesimalmente menor do que o de B. Contudo, realizando esse raciocínio até seu limite, concluiremos que o preço adequado é o próprio preço de custo. Isso porque qualquer empresa que decidisse colocar um preço acima do preço de custo iria abrir margem para que a concorrente fornecesse um preço ligeiramente menor e conquistasse todo o mercado.

PARA SABER MAIS

FIANI, R. **Teoria dos jogos**: com aplicações em economia, administração e ciências sociais. Rio de Janeiro: Campus, 2015.

Existem outros modelos para os jogos de determinação simultânea de preços. Nesse exemplo, consideramos como hipóteses simplificadoras que os produtos são homogêneos, que não existe restrição de capacidade produtiva e que as decisões são simultâneas e realizadas uma única vez. Se quiser analisar outros casos, como aqueles que apresentam restrição de capacidade, diferenciação de produtos ou tantos outras configurações, indicamos, novamente, a leitura desse livro de Ronaldo Fiani.

EXEMPLIFICANDO

Determinar preços de forma simultânea ou sequencial altera, significativamente, o resultado de um jogo. Vamos considerar duas empresas: a Manman, única produtora de **manteiga** no mercado local, e a Marmar, única produtora de **margarina** no mesmo mercado.

A escolha desses produtos se deve ao fato de que manteiga e margarina são produtos **substitutos**, isto é, na maior parte dos casos, na falta de manteiga, podemos utilizar margarina, e vice-versa. Note que, sendo produtos substitutos, se um deles aumentar o preço, digamos, a manteiga, os consumidores tenderão a comprar mais seu substituto, ou seja, a margarina. De forma equivalente, se a manteiga tiver seu preço reduzido, os consumidores tenderão a comprar menos margarina. Em economia, analisamos os deslocamentos das curvas de demanda de todos os bens, dada a variação nesses preços.

A empresa Manman tem uma função de demanda dada por:

$$q_1 = 20 - p_1 + p_2$$

Para a empresa Marmar, ela é dada por:

$$q_2 = 20 + p_1 - p_2$$

Assim, no caso de um aumento do preço da margarina (p_2), verificamos um aumento de q_1 e uma redução de q_2, ao passo que um aumento no preço p_1 diminui q_1 e aumenta q_2, enfatizando que se trata, realmente, de produtos substitutos.

Para simplificar, vamos considerar que os custos de produção de ambos os produtos são nulos.

Agora, o que aconteceria se as duas empresas acabassem por determinar seus preços de forma simultânea? Do ponto de vista da empresa Manman, sua função recompensa seria dada pelo produto entre o preço e a quantidade demandada:

$$\Pi_1 = p_1 \cdot \left(20 - p_1 + p_2\right)$$
$$\Pi_1 = 20p_1 - p_1^2 + p_1 p_2$$

Aqui, o interesse da empresa é maximizar seu lucro, o que implica, pelo teste da derivada primeira:

$$\frac{\partial \Pi_1}{\partial p_1} = 0$$

$$\frac{\partial \Pi_1}{\partial p_1} = 20 - 2p_1 + p_2 = 0$$

Essa expressão, que descreve p_1 em função de p_2, é a função de reação da empresa Manman, dada por:

$$p_1\left(p_2\right) = \frac{20 + p_2}{2}$$

Façamos a mesma coisa do ponto de vista da empresa Marmar. Dessa maneira, sua função recompensa é dada por:

$$\Pi_2 = p_2\left(20 + p_1 - p_2\right)$$
$$\Pi_2 = 20p_2 + p_1 p_2 - p_2^2$$

Maximizando sua função recompensa, temos:

$$\frac{\partial \Pi_2}{\partial p_2} = 0$$

$$\frac{\partial \Pi_2}{\partial p_2} = 20 + p_1 - 2p_2 = 0$$

E aqui está a função de reação da empresa Marmar:

$$p_2(p_1) = \frac{20 + p_1}{2}$$

As funções de reação formam um sistema de equações quando buscamos o equilíbrio de Nash:

$$\begin{cases} p_1 = \dfrac{20 + p_2}{2} \\ p_2 = \dfrac{20 + p_1}{2} \end{cases}$$

Resolvendo esse sistema, obtemos:

$$p_1 = \frac{20 + p_2}{2} = \frac{20 + \left(\dfrac{20 + p_1}{2}\right)}{2}$$

$$p_1 = 20$$

Substituindo na equação para p_2, também obtemos $p_2 = 20$, dada a simetria do problema. Perceba que, a um preço de 20, tanto para a manteiga quanto para a margarina, teremos as seguintes quantidades demandadas:

$$q_1 = 20 - p_1 + p_2 = 20 - 20 + 20 = 20$$
$$q_2 = 20 + p_1 - p_2 = 20 + 20 - 20 = 20$$

Isto é, serão 20 unidades de manteiga e 20 unidades de margarina. Portanto, cada uma das empresas lucrará:

$$\Pi_1 = q_1 \cdot p_1 = 20 \cdot 20 = 400$$
$$\Pi_2 = q_2 \cdot p_2 = 20 \cdot 20 = 400$$

Observe que essa é a solução em sua forma simultânea.

EXEMPLIFICANDO

Vejamos o que ocorre quando a empresa Manman decide seu preço antes de a Marmar realizar seu movimento, isto é, vamos tratar esse jogo em sua forma sequencial.

Nessa situação, a empresa Manman age primeiramente, determinando seu preço. Como o jogo é de informação completa, isto é, todos os jogadores conhecem as regras e os resultados do jogo, a empresa Manman perceberá a seguinte função resultado para a Marmar:

$$\Pi_2 = \left(20 + p_1 - p_2\right)p_2$$

Como ainda se trata da mesma análise feita anteriormente, podemos recuperar a função de reação, que será dada por:

$$p_2 = \frac{20 + p_1}{2}$$

Sabendo que essa é a melhor resposta da empresa Marmar, a Manman resolve seu problema de maximização, considerando sua função recompensa:

$$\Pi_1 = (20 - p_1 + p_2)p_1$$

No entanto, ao saber do preço esperado de p_2, ela opera da seguinte forma:

$$\Pi_1 = \left(20 - p_1 + \frac{20 + p_1}{2}\right) \cdot p_1$$

$$\Pi_1 = 30p_1 - \frac{p_1^2}{2}$$

No caso de maximização, ela realiza o teste da derivada primeira:

$$\frac{\partial \Pi_1}{\partial p_1} = 0$$

$$\frac{\partial \Pi_1}{\partial p_1} = 30 - p_1 = 0$$

$$p_1 = 30$$

$$p_2 = \frac{20 + p_1}{2} = \frac{20 + 30}{2} = 25$$

Aqui, vemos outra solução para o jogo: $(p_1, p_2) = (30, 25)$. Nesse caso, será vendido um total de:

$$q_1 = 20 - p_1 + p_2 = 20 - 30 + 25 = 15 \text{ unidades de}$$
$$\text{manteiga}$$

contra

$$q_2 = 20 + p_1 - p_2 = 20 + 30 - 25 = 25 \text{ unidades de}$$
$$\text{margarina}$$

O lucro da empresa Manman seria:

$$\Pi_1 = q_1 \cdot p_1 = 15 \cdot 30 = 450$$

E o lucro da empresa Marmar seria:

$$\Pi_2 = q_2 \cdot p_2 = 25 \cdot 25 = 625$$

Veja que essa solução é ainda melhor do que aquela que se obtém quando ambas as empresas agem simultaneamente. Entretanto, percebemos que a situação favorece aquela que determina seu preço **depois** da outra.

EXEMPLIFICANDO

Figura 4.3 – Impressora e cartuchos de tinta

Kanthida.J/Shutterstock

Nos exemplos anteriores, na disputa entre as empresas produtoras de margarina e manteiga, estávamos investigando o equilíbrio de Nash para o caso de produtos substitutos. Vamos resolver um problema similar, mas analisando produtos complementares, isto é, aqueles bens que costumam ser consumidos em conjunto. Dessa maneira, em bens complementares, um aumento de preço do primeiro bem faz o segundo aumentar, e vice-versa.

Considere o caso da empresa PH, fabricante de impressoras, e da empresa KNI, fabricante de cartuchos de tinta. Sabemos que impressora e cartuchos de tinta são produtos complementares. Isso porque, quando aumentamos a venda do primeiro, diminuindo seu preço, consequentemente aumentamos a venda do segundo. De forma similar, reduzindo a venda do primeiro, aumentando seu preço, menos procura haverá pelo segundo.

Outras relações podem ser observadas entre produtos complementares. Por exemplo, mesmo que se mantenha o preço fixo das impressoras, se houver uma redução significativa no preço dos cartuchos de tinta, haverá mais compradores tanto de impressoras quanto de cartuchos de tinta. É o que ocorre com o comércio de carros a *diesel*, quando o preço desse combustível diminui significativamente.

Em nosso exemplo, a empresa PH tem a seguinte curva de demanda:

$$q_1 = 1\,000 - 4\left(p_1 + p_2\right)$$

Já a empresa KNI tem a seguinte curva:

$$q_2 = 200 - p_1 - p_2$$

Para modelarmos esse jogo, vamos construir a função recompensa da PH, considerando a hipótese simplificadora de que ambas as empresas não têm custo de produção. Geralmente, essa hipótese não causa distorções para empresas que têm custo similar.

$$\Pi_1 = q_1 \cdot p_1 = \left(1\,000 - 4\left(p_1 + p_2\right)\right) \cdot p_1$$

$$\Pi_1 = 1\,000p_1 - 4p_1^2 - 4p_1p_2$$

Aplicando o teste da derivada primeira, obtemos a curva de reação da empresa PH:

$$\frac{\partial \Pi_1}{\partial p_1} = 0$$

$$\frac{\partial \Pi_1}{\partial p_1} = 1\,000 - 8p_1 - 4p_2 = 0$$

$$p_1 = \frac{1\,000 - 4p_2}{8}$$

E construímos a função recompensa da empresa KNI:

$$\Pi_2 = q_2 \cdot p_2 = \left(200 - p_1 - p_2\right) \cdot p_2$$

$$\Pi_2 = 200p_2 - p_1p_2 - p_2^2$$

Aplicamos, novamente, o teste da derivada primeira:

$$\frac{\partial \Pi_2}{\partial p_2} = 0$$

$$\frac{\partial \Pi_1}{\partial p_1} = 200 - p_1 - 2p_2 = 0$$

$$p_2 = \frac{200 - p_1}{2}$$

Perceba que as funções de reação encontradas, comparadas às do caso anterior, quando tratamos de produtos substitutos, apresentam inclinação negativa: ao diminuir o preço de p_1, p_2 também deve reduzir, e vice-versa. Assim, a solução do problema em equilíbrio de Nash é dada pela resolução do sistema de equações a seguir:

$$\begin{cases} p_1 = \dfrac{1000 - 4p_2}{8} \\[2ex] p_2 = \dfrac{200 - p_1}{2} \end{cases}$$

Nesse caso, obtemos:

$$p_1 = \frac{1000 - 4p_2}{8}$$

$$p_1 = \frac{1000 - 4\left(\dfrac{200 - p_1}{2}\right)}{8}$$

$$p_1 = 100$$

$$p_2 = \frac{200 - p_1}{2} = 50$$

Então, o preço, em equilíbrio de Nash, será de $p_1 = 100$ para a impressora da empresa PH e de $p_2 = 50$ para os cartuchos de tinta da empresa KNI.

4.5 Jogo da localização

Outro jogo interessante que vale a pena ser investigado é conhecido como *jogo da localização*, que ocorre quando dois concorrentes precisam definir o local de abertura de seus negócios. Então, vamos considerar duas redes de *fast-food* concorrentes que têm de escolher onde abrirão suas novas franquias ao longo de uma grande avenida. Nesse caso, vamos abordar a versão simplificada, conhecida como *jogo da localização sem custos de transporte*, mas, caso você tenha interesse em conhecer uma versão mais aprofundada, o livro de Fiani (2015) apresenta um caso interessante envolvendo esses custos.

Em nosso cenário de investigação, precisamos de algumas hipóteses simplificadoras:

- As lojas vendem o mesmo produto.
- As lojas cobram o mesmo preço.
- Os clientes sempre vão à loja mais próxima, mesmo que a menor distância seja grande.
- As lojas têm o mesmo custo.
- Todos os clientes estão distribuídos de forma uniforme ao longo das regiões de análise.
- Cada cliente compra apenas um lanche.

Todas essas hipóteses são agregadas ao problema para que possamos investigar apenas o fator distância no momento de decidir onde realizar a instalação das novas franquias.

Suponha que a avenida tenha uma extensão de 10 quilômetros. Se uma das filiais, por exemplo, a BK, for aberta no quilômetro 2,5 e a outra, a MC, no quilômetro 7,5, elas repartirão o mercado de forma igualitária. Do quilômetro 0 até o quilômetro 5 os clientes serão atendidos pela BK, enquanto do quilômetro 5 até o quilômetro 10 os clientes serão atendidos pela MC. Entretanto, isso não é um equilíbrio de Nash.

Sabendo que a MC instalará uma loja no quilômetro 7,5, a melhor decisão para a BK será instalar sua loja tão próximo da BK quanto possível, desde que fique antes do quilômetro 7,5. Nesse caso, a MC atenderá apenas os clientes de pouco antes do quilômetro 7,5 até o quilômetro 10, ao passo que a BK atenderá a maior parte do mercado, do início da avenida (quilômetro 0) até pouco antes do quilômetro 7,5.

Assim, podemos concluir que o equilíbrio de Nash só ocorrerá quando ambas as empresas lançarem suas franquias exatamente no meio da avenida, uma ao lado da outra. Nesse ponto, trata-se de um equilíbrio de Nash: ninguém tem incentivo para mudar sua localização, pois não ganharia nada com isso. Aqui, podemos ver como a teoria dos jogos nos ajuda a explicar por que encontramos concorrentes com lojas tão próximas umas das outras.

QUESTÃO PARA REFLEXÃO

Você percebeu que mesmo casos simplificados nos permitem investigar situações aparentemente esquisitas que aparecem em nosso cotidiano, especialmente na concorrência entre duas empresas similares. Você conhece outros casos e vivências que pode compartilhar com seus colegas? Esses casos também podem ser explicados pela teoria dos jogos?

Síntese

Neste capítulo, analisamos os jogos estritamente competitivos, os jogos de estratégia mista, o jogo da determinação simultânea de quantidades, o jogo da determinação simultânea de preços e o jogo da localização.

Na seção **"Jogos estritamente competitivos"**, verificamos que:

- esses jogos também podem ser encontrados na literatura como *jogos de soma zero*;
- a característica principal dos jogos estritamente competitivos é esta: o que um dos jogadores quer é exatamente o que o outro não quer, e vice-versa;
- os modelos matemáticos para a solução desses jogos são o minimax e o maximin;
- um caso ilustrativo desses jogos é um conhecido exemplo político chamado *de jogo do apadrinhamento*.

Na seção **"Estratégias mistas"**, vimos que:

- essas são as estratégias que ocorrem, quando, em vez de escolher uma dada estratégia para jogá-la com certeza, um jogador decide agir alternando suas estratégias aleatoriamente, atribuindo, então, uma probabilidade a cada escolha;
- os exemplos de que tratamos nos outros capítulos são casos de estratégias puras;
- no futebol, a disputa entre Pelé e Andrada e entre Santos e Vasco da Gama representa um caso de estratégia mista;

- na guerra, a situação entre a Rússia e a Ucrânia representa um caso de estratégia mista;
- nesses exemplos, o jogador racional tenta evitar o pior resultado que poderia obter;
- as estratégias mistas envolvem algum grau de surpresa que pode alterar significativamente o resultado da disputa.

Na seção "**Jogo da determinação simultânea de quantidades**", observamos que:

- esse tipo de situação ocorre quando duas empresas decidem, de forma simultânea, determinar a quantidade de bens produzidos e/ou distribuídos;
- esse método também é conhecido como *modelo de Cournot*;
- esses jogos surgem, na realidade, em oligopólios de fornecedores de produtos homogêneos, como as empresas produtoras e distribuidoras de areia;
- o equilíbrio de Nash desse tipo de jogo ocorre quando a empresa concorrente produz exatamente o que foi esperado.

Na seção "**Jogo da determinação simultânea de preços**", vimos que:

- essa situação ocorre quando duas empresas decidem, de forma simultânea, determinar os preços de seus produtos;
- esse jogo também é conhecido como *modelo de Bertrand*;

- esses jogos surgem em oligopólios de fornecedores de produtos homogêneos, como as empresas produtoras e distribuidoras de areia;
- o equilíbrio de Nash desse tipo de jogo ocorre quando o preço adequado é o próprio preço de custo.

Na seção **"Jogo da localização"**, verificamos que:

- esse tipo de jogo costuma aparecer em mercados dos mesmos produtos, vendidos ao mesmo preço, em que os clientes compram apenas um produto e sempre vão à loja mais próxima, situação em que as lojas têm o mesmo custo e uma distribuição uniforme de clientes;
- esse caso explica a posição da maior parte das redes de *fast-food* que surgem no mercado;
- o equilíbrio de Nash aparece quando ambas as empresas lançam suas franquias exatamente uma ao lado da outra, no ponto central da localidade.

Como síntese deste capítulo, apresentamos os mapas mentais a seguir, que podem ajudá-lo a relembrar os tópicos discutidos. Também fica o convite para que você desenvolva seus próprios mapas mentais para fixar os conteúdos estudados.

Figura 4.4 – Mapa mental representando os conhecimentos
aprendidos na seção "Jogos estritamente competitivos"

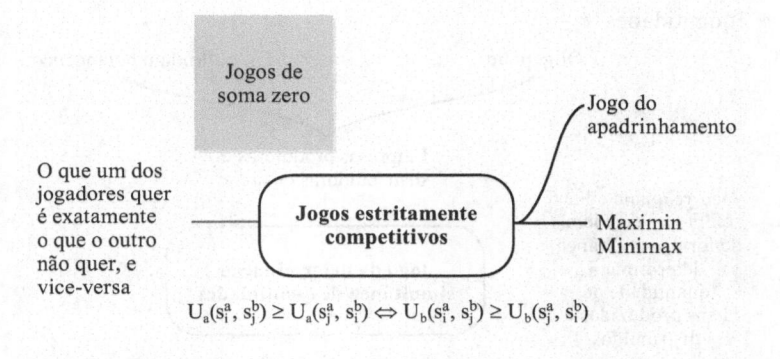

Figura 4.5 – Mapa mental representando os conhecimentos
aprendidos na seção "Estratégias mistas"

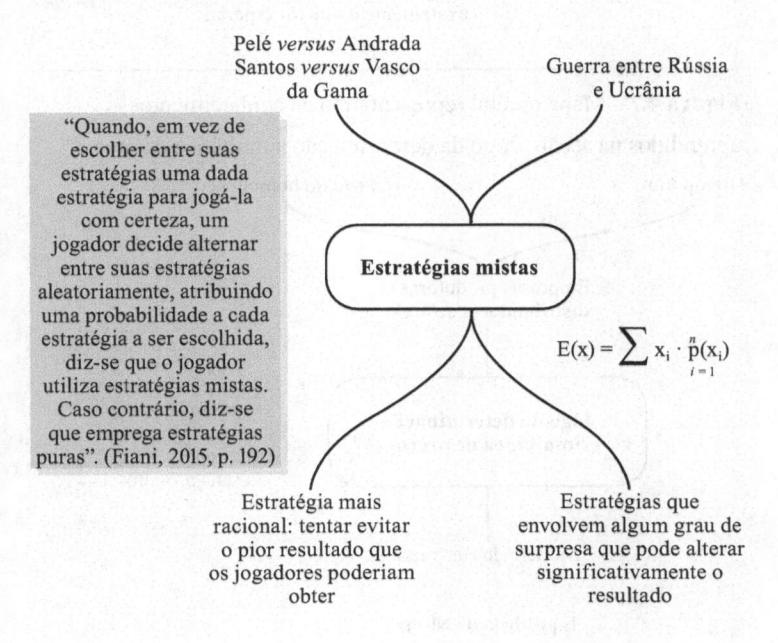

Figura 4.6 – Mapa mental representando os conhecimentos aprendidos na seção "Jogo da determinação simultânea de quantidades"

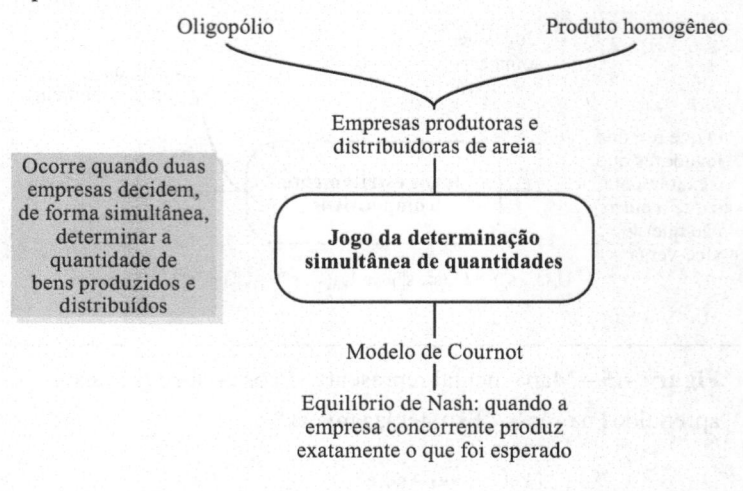

Oligopólio

Produto homogêneo

Ocorre quando duas empresas decidem, de forma simultânea, determinar a quantidade de bens produzidos e distribuídos

Empresas produtoras e distribuidoras de areia

Jogo da determinação simultânea de quantidades

Modelo de Cournot

Equilíbrio de Nash: quando a empresa concorrente produz exatamente o que foi esperado

Figura 4.7 – Mapa mental representando os conhecimentos aprendidos na seção "Jogo da determinação simultânea de preços"

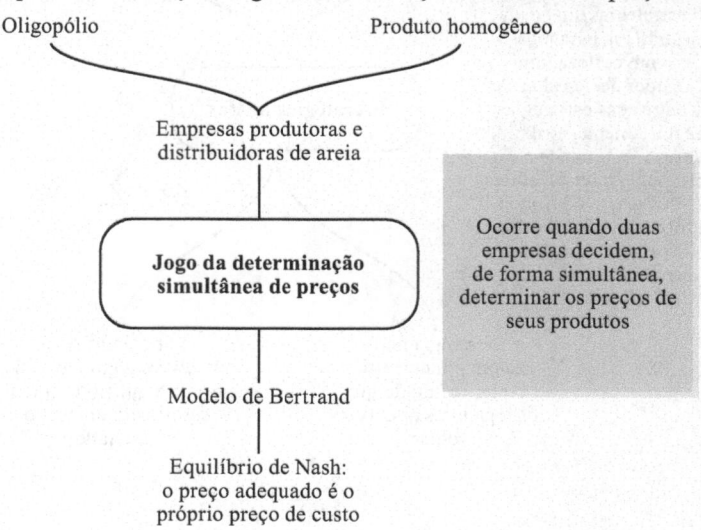

Oligopólio

Produto homogêneo

Empresas produtoras e distribuidoras de areia

Jogo da determinação simultânea de preços

Ocorre quando duas empresas decidem, de forma simultânea, determinar os preços de seus produtos

Modelo de Bertrand

Equilíbrio de Nash: o preço adequado é o próprio preço de custo

Figura 4.8 – Mapa mental representando os conhecimentos aprendidos na seção "Jogo da localização"

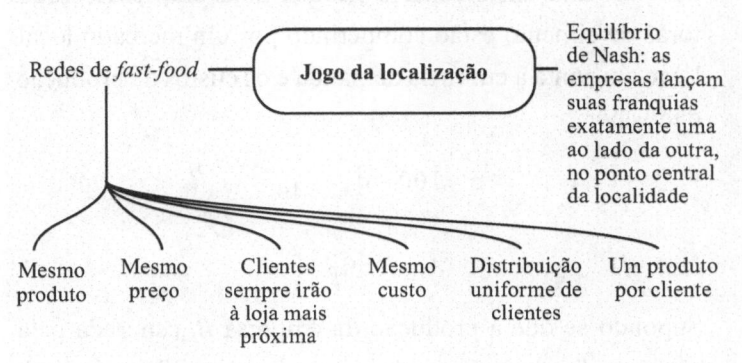

QUESTÕES PARA REVISÃO

1) Você aprendeu que as estratégias mistas são utilizadas para descrever situações nas quais existe uma margem para que o jogador haja de forma distinta do esperado. Além dos casos citados ao longo deste capítulo, liste outros exemplos de interações dessa natureza no cotidiano.

2) Observe a matriz de *pay-offs* a seguir.

Empresa *A*	Empresa *B*	
	Cooperar	Trair
Cooperar	(3, 3)	(0, 2)
Trair	(2, 0)	(1, 1)

Considerando um jogo com estratégias mistas, indique o equilíbrio de Nash para essa situação.

3) Considere o jogo da determinação simultânea de quantidades para analisar o cenário em que duas empresas produtoras de cimento estão competindo por um mercado local. Leve em conta a curva de demanda e os custos de produção dados por:

$$p = 100 - q_A - q_B$$
$$C_A = 4q_A$$
$$C_B = 4q_B$$

Supondo-se que a produção da empresa B, esperada pela empresa A, seja de 48 unidades, qual é o equilíbrio de Nash para a empresa A?

a. 48 unidades.

b. 24 unidades.

c. 12 unidades.

4) Considere o jogo da determinação simultânea de preços para analisar o cenário em que duas empresas produtoras de cimento estão competindo por um mercado local. Leve em conta a curva de demanda e os custos de produção dados por:

$$p = 100 - q$$

$$C_A = 4q_A$$

$$C_B = 4q_B$$

Supondo-se que a produção de cada empresa seja de 50 unidades, qual das alternativas a seguir apresenta o preço de venda no cimento no equilíbrio de Nash?

a. 00.

b. 50.

c. 100.

5) Considere o jogo da localização para analisar o cenário em que duas empresas de *fast-food* precisam decidir onde instalar suas lojas, dada a extensão da rodovia de 1 quilômetro.

Assinale a alternativa que indica o equilíbrio de Nash dessa situação:

a. As empresas devem se instalar lado a lado, no ponto central da rodovia, em 500 metros.

b. As empresas devem se instalar nas extremidades opostas, no ponto zero e no quilômetro 1 da rodovia.

c. Uma delas deve instalar seu restaurante em 250 metros, e a outra, em 750 metros.

Conteúdos do capítulo:

- Jogos sequenciais e equilíbrio de Nash.
- Equilíbrio de Nash em subjogos sequenciais.
- Método da indução reversa.
- Movimentos estratégicos.
- Jogo da centopeia.

Após o estudo deste capítulo, você será capaz de:

1. analisar as limitações do uso das matrizes de *pay-offs* em jogos sequenciais e investigar o equilíbrio de Nash que surge em cada caso;
2. caracterizar cada um dos subjogos de um jogo sequencial e a forma como eles são utilizados para definir um equilíbrio de Nash perfeito;
3. aplicar o método de análise da indução reversa para proceder à simplificação das árvores de decisões em busca do equilíbrio de Nash;

5

Jogos sequenciais

4. compreender como determinadas decisões prévias podem alterar completamente o resultado dos jogos sequenciais, definindo, portanto, os movimentos estratégicos;
5. utilizar casos simples do jogo da centopeia para investigar o incentivo para certos jogadores adotarem versões colaborativas de jogos não colaborativos.

Nos capítulos anteriores, demos ênfase às situações envolvendo jogos simultâneos, isto é, aquelas em que os jogadores não têm informações sobre a jogada de seu adversário: essa é a implicação da simultaneidade nesses jogos. Neste capítulo, vamos tratar de algumas modelagens de jogos sequenciais, ou seja, aquelas em que um dos jogadores aguarda a jogada do outro antes de realizar a sua. Além de não ser viável o uso das matrizes de *pay-offs*, veremos que o uso do equilíbrio de Nash não funciona de forma tão satisfatória quanto nos casos simultâneos. Assim, vamos mudar a estratégia de análise, utilizando as árvores de decisões e analisando suas implicações.

5.1 Jogos sequenciais e equilíbrio de Nash

Ao tratarmos de jogos sequenciais, analisaremos casos em que cada jogador espera a jogada dos demais antes de realizar sua movimentação. Sabemos que a modelagem da teoria dos jogos é útil em aplicações comerciais ou mesmo políticas, mas também podemos compreender o que ocorre em casos mais simples, como o jogo de xadrez.

Veja que nossa hipótese de que os jogadores são racionais continua válida. Dessa forma, não faria sentido uma movimentação de peças no xadrez sem observar o que o oponente fez – isso não seria racional. Afinal, um dos pressupostos da racionalidade é que o jogador utilizará todas as informações disponíveis para tomar sua decisão, inclusive a situação atual do jogo.

EXEMPLIFICANDO

Figura 5.1 – Produtos das empresas de perfumaria

ivector/Shutterstock

Para examinarmos as restrições do equilíbrio de Nash nesse cenário, vamos considerar o caso de uma empresa de perfumaria, a Bo, que está dominando há anos o mercado brasileiro, produzindo seus produtos num dado nível x. Como o Brasil é o maior produtor de perfumes da América Latina, outras empresas, como a Na, precisa decidir se entra ou não nesse mercado. Vamos analisar esse problema, conhecido como "O jogo da entrada".

A empresa Na precisa decidir entre {ingressar} e {não ingressar}. Sabemos que o ingresso e a instalação de uma nova empresa no ramo envolvem um investimento enorme que tem de ser recuperado em certo prazo. A equipe financeira da Na deve decidir se será capaz de recuperar seus custos ao ingressar nesse mercado. Se ela decidir {não ingressar}, não terá lucro algum, enquanto a empresa Bo continuará abocanhando todo o mercado, ganhando R$ 10 milhões no período em questão.

Entretanto, se a empresa Na decidir {ingressar} no mercado, a empresa Bo terá duas opções: {reagir} ou {não reagir}. Se a empresa Bo escolher {não reagir}, ela perderá espaço no mercado para a empresa Na, que passará a abocanhar uma parte desse valor, digamos, R$ 3 milhões, e restarão apenas R$ 7 milhões para a empresa Bo.

Agora, a empresa Bo pode decidir {reagir}, escolhendo reduzir preços, adotar campanhas publicitárias agressivas e fazer de tudo para que a empresa Na não consiga recuperar seu investimento e seja obrigada a sair do mercado. Nessa situação, a empresa Bo terá um custo enorme em sua campanha de reação e passará a lucrar apenas R$ 2 milhões, mas será capaz de infligir um prejuízo de R$ 1 milhão à empresa Na.

Sabemos que a melhor representação de um jogo sequencial é o uso de árvores de decisões. Como aponta Santos (2016, p. 67),

> Os jogos simultâneos (ou estáticos) foram abordados através da forma normal, enquanto nos jogos sequenciais vimos por meio da árvore de decisão, ou na linguagem da Teoria dos Jogos na forma extensiva. Porém, não devemos concluir que um jogo simultâneo não pode ser representado na forma extensiva e tampouco que um jogo sequencial não dispõe de representação na forma normal. Apenas, a forma normal representa de forma mais adequada os jogos simultâneos e de forma semelhante com a forma extensiva e os jogos sequenciais. Ou seja, podemos representar um jogo simultâneo na forma estendida, e também podemos representar um jogo sequencial na forma normal, onde a opção por uma forma ou outra dependerá estritamente de qual forma melhor represente a situação a qual o jogo representa.

Vamos, então, fazer a representação desse problema.

Figura 5.2 – Representação por meio de uma árvore de decisões do jogo sequencial entre as empresas Na e Bo

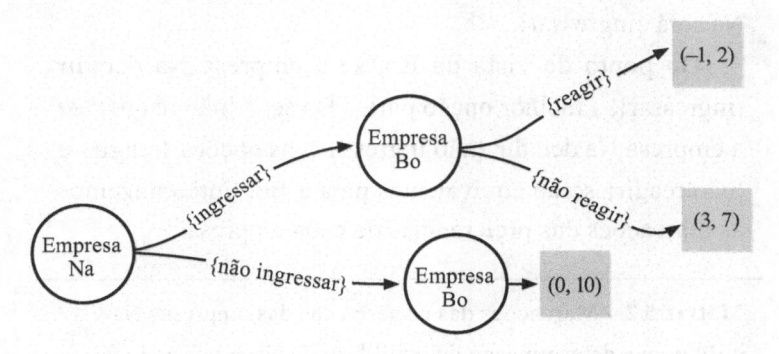

Observe que, se você acompanhar as ramificações da árvore, poderá ver cada um dos resultados do jogo. Claro que você poderia pensar em representá-lo por meio de uma matriz de *pay-offs*, a fim de verificar a falha na análise pelo equilíbrio de Nash comum.

Matriz 5.1 – Matriz de *pay-offs* do jogo sequencial entre as empresas Na e Bo para investigar a existência do equilíbrio de Nash

Empresa Na	Empresa Bo	
	Reagir	Não reagir
Ingressar	(–1, 2)	(3, 7)
Não ingressar	(0, 10)	(0, 10)

Vejamos, pelo método antigo, se há um equilíbrio de Nash nesse caso. Inicialmente, verificamos qual seria a análise do ponto de vista da Na. Se a empresa Bo decidir {reagir}, a melhor opção para a Na será {não ingressar}; se a empresa Bo decidir {não reagir}, a melhor opção para a Na será {ingressar}.

Do ponto de vista da Bo, se a empresa Na decidir {ingressar}, a melhor opção para a Bo será {não reagir}; se a empresa Na decidir {não ingressar}, as opções {reagir} e {não reagir} serão equivalentes para a Bo. Então, fazemos as marcações das preferências de cada empresa.

Matriz 5.2 – Marcações das preferências das empresas Na e Bo para a determinação do equilíbrio de Nash por meio da matriz de *pay-offs*

Empresa Na	Empresa Bo	
	Reagir	Não reagir
Ingressar	(–1, 2)	Na (3, 7) Bo
Não ingressar	Na (0, 10) Bo	(0, 10) Bo

Assim, podemos perceber dois equilíbrios de Nash que ocorrem nos seguintes pares de estratégias: {ingressar, não reagir} e {não ingressar, reagir}. Note que a primeira opção, dada por {ingressar, não reagir}, indica o verdadeiro equilíbrio de Nash do jogo da entrada: o melhor para a empresa Bo será não reagir à entrada da empresa Na, dados os custos propostos na partida. Já o segundo caso {não ingressar, reagir} não faz sentido, embora seja apontado como um equilíbrio de Nash: nesse caso, a empresa Bo reagirá mesmo que a empresa Na não entre no mercado.

Dessa maneira, o que está ocorrendo quando utilizamos a matriz de *pay-offs* para essa representação é que não estamos considerando a **ordem** com que os jogadores realizam suas decisões. Então, acabam surgindo outros equilíbrios de Nash, que não retratam o que realmente ocorre no exemplo.

Para evitarmos esse problema, podemos utilizar uma representação diversificada para determinar seu equilíbrio: analisar seus subjogos e usar as árvores de decisões de forma distinta.

5.2 Equilíbrio de Nash em subjogos sequenciais

Para evitarmos a apresentação de equilíbrios de Nash contraditórios, veremos novamente o caso do jogo da entrada entre as empresas Na e Bo considerando o que seria um subjogo.

O QUE É

Para Fiani (2015, p. 222, grifo do original),

> Um **subjogo** é qualquer parte de um jogo na forma extensiva que obedece às seguintes condições:
>
> 1. Sempre se inicia em um único nó de decisão;
> 2. Sempre contém todos os nós que se seguem ao nó no qual ele se iniciou;
> 3. Se contiver qualquer nó de um conjunto de informação, ele conterá todos os nós do conjunto de informação.

No caso do jogo da entrada, SJ1 pode ser considerado um de seus possíveis subjogos.

Figura 5.3 – Determinação do subjogo SJ1 do jogo da entrada para definir a melhor opção para a empresa Bo, dado que a empresa Na escolheu {ingressar}

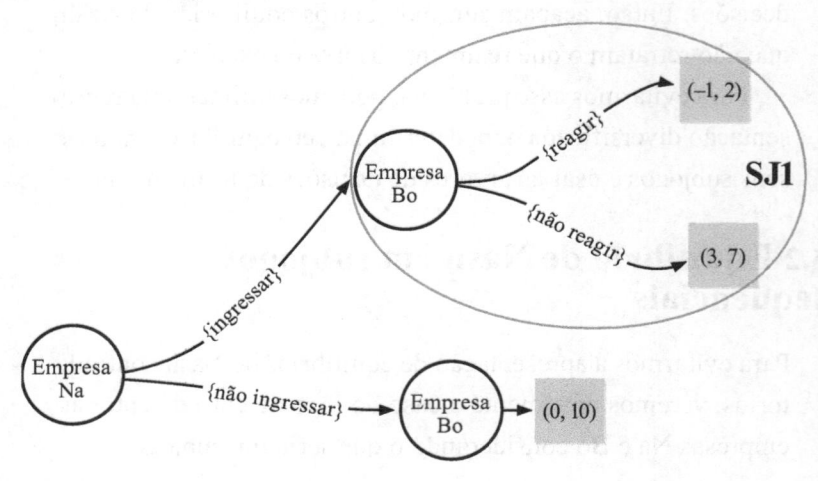

Perceba que SJ1 se inicia num único nó de decisão, da empresa Bo entre {reagir} e {não reagir} ao ingresso certo da Na. No subjogo SJ1, foram incluídos todos os nós que se seguem a essa decisão da empresa Bo; nesse caso, estamos tratando de todos os resultados dadas as possíveis jogadas de Bo. Além disso, como SJ1 contém cada um desses nós, tem todas as suas ramificações.

Note que SJ2 também é um subjogo do jogo da entrada.

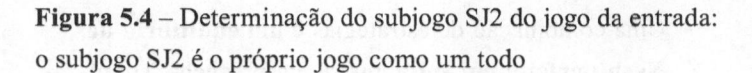

Figura 5.4 – Determinação do subjogo SJ2 do jogo da entrada: o subjogo SJ2 é o próprio jogo como um todo

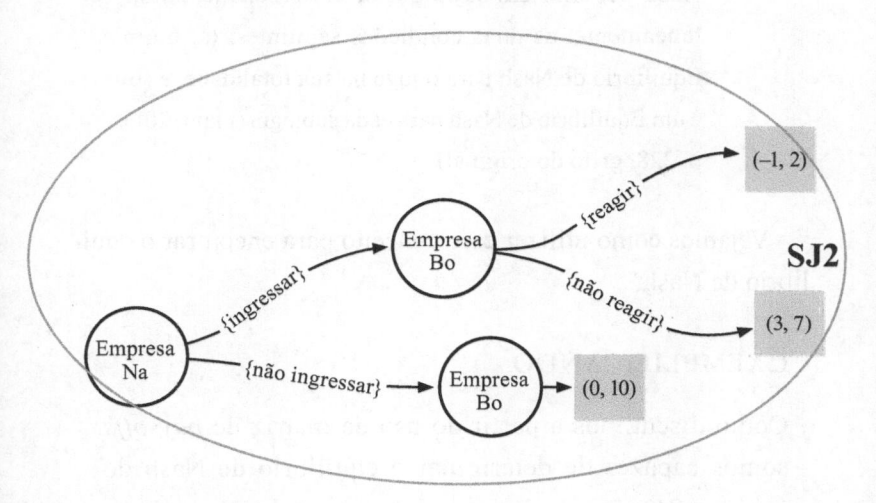

Mas SJ2 é o próprio jogo como um todo. Como ele se inicia de um único nó de decisão, apresenta todos os nós que se seguem a essa decisão, além de todas as ramificações desse nó. Assim, concluímos que se trata, também, de um subjogo. Isso significa que todo jogo tem como um de seus subjogos ele mesmo.

O QUE É

A partir daqui, poderemos utilizar a definição de **equilíbrio de Nash perfeito em subjogos**, tratado em Fiani (2015, p. 228), para eliminarmos os equilíbrios de Nash que não fazem sentido, como {não ingressar, reagir}, discutido na seção anterior.

> Uma combinação de estratégias é um **equilíbrio de Nash perfeito em subjogos** se ela preenche, simultaneamente, as duas condições seguintes: (a) é um Equilíbrio de Nash para o jogo na sua totalidade, e (b) é um Equilíbrio de Nash para cada subjogo. (Fiani, 2015, p. 228, grifo do original)

Vejamos como utilizar esse conceito para encontrar o equilíbrio de Nash.

Exemplificando

Como discutimos a partir do uso da matriz de *pay-offs*, somos capazes de determinar o equilíbrio de Nash do subjogo SJ2, isto é, do jogo como um todo. Nesse caso, encontramos {não ingressar, reagir} e {ingressar, não reagir}.

Agora, precisamos verificar o que ocorre no subjogo SJ1 para identificar o equilíbrio de Nash nele. Nesse ponto do subjogo, a empresa Na já decidiu {ingressar}, e resta à empresa Bo decidir entre {reagir} e {não reagir}. Vemos, então, que a decisão {não reagir} é a melhor opção para a Bo, dada a opção {ingressar} da Na. Logo, o equilíbrio de Nash do subjogo SJ1 é {ingressar, não reagir}.

Observe que o outro equilíbrio de Nash, dado por {não ingressar, reagir}, não é um equilíbrio para o subjogo SJ1, não sendo, portanto, válido para todos os subjogos: apenas para o subjogo SJ2, que é o próprio jogo como um todo.

Dessa forma, concluímos que o único equilíbrio possível é {ingressar, não reagir}.

5.3 Método da indução reversa

Outra estratégia que simplifica a tarefa de determinar o equilíbrio de Nash é o chamado *método da indução reversa*, o qual consiste em analisar o jogo de fora para dentro, eliminando os piores casos para cada empresa. A proposta é realizar essa operação até chegarmos ao nó inicial do jogo. Vejamos como proceder nesse caso.

EXEMPLIFICANDO

Novamente, vamos usar a representação pela árvore de decisões do jogo da entrada.

Figura 5.5 – Árvore de decisões do jogo da entrada entre as empresas Na e Bo

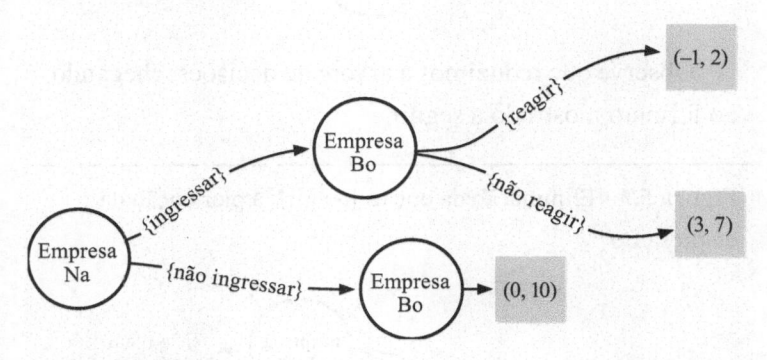

Nesse caso, devemos iniciar de cada um dos finais do jogo até seu início, reduzindo-o a cada passo. Portanto, devemos analisar a decisão da empresa Bo entre {reagir} e {não reagir} tendo em vista a decisão da Na de {ingressar}.

Escolhendo {reagir}, a empresa Bo ficará com R$ 2 milhões de lucro contra R$ 7 milhões caso decida {não reagir}. Assim, o ramo representando a opção {reagir} pode ser eliminado.

Figura 5.6 – Seleção da opção {reagir}, a pior opção da empresa Bo

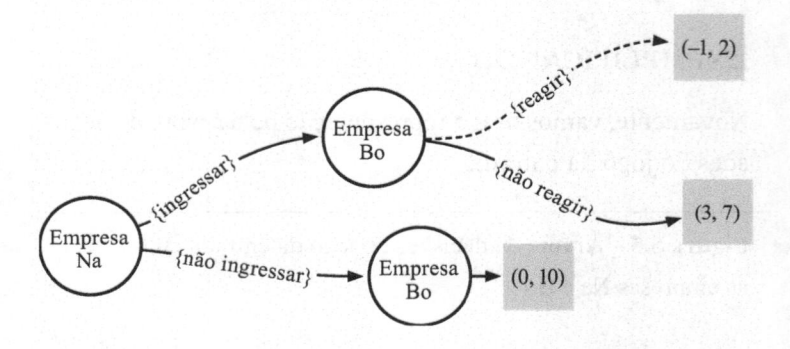

Observe que reduzimos a árvore de decisões, chegando ao formato mostrado a seguir.

Figura 5.7 – Eliminação da opção {reagir}, a pior opção da empresa Bo

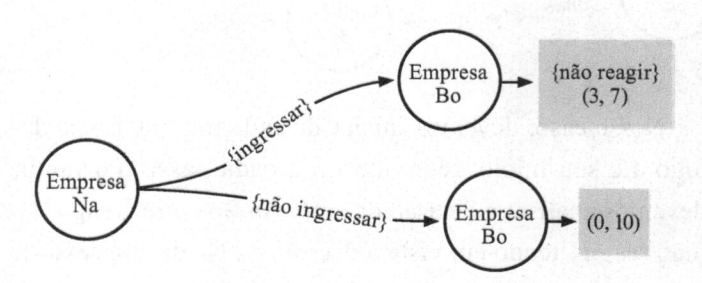

Agora, analisamos a decisão da empresa Na entre {ingressar} e {não ingressar}. Nesse caso, sua melhor opção é {ingressar}, a qual lhe dará um lucro de R$ 3 milhões de reais contra um lucro nulo da opção {não ingressar}. Desse modo, podemos remover essa ramificação.

Figura 5.8 – Seleção da opção {não ingressar}, a pior opção da empresa Na

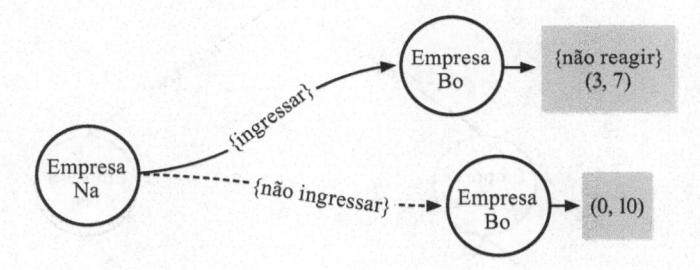

Agora, obtemos uma árvore reduzida que já apresenta o equilíbrio de Nash perfeito.

Figura 5.9 – Eliminação da opção {não ingressar}, a pior opção da empresa Na

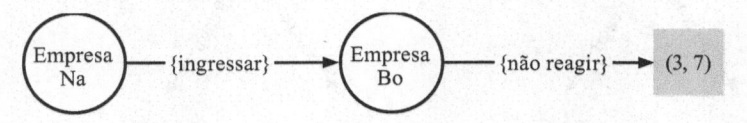

5.4 Movimentos estratégicos

Nesta seção, vamos analisar como aprofundar o jogo da entrada para tirarmos conclusões acerca do que cada empresa deve realizar. Nesse caso, vamos considerar um jogo que tem a árvore de decisões mostrada a seguir.

Figura 5.10 – Árvore de decisões mais complexa apresentando os resultados das jogadas adotadas pelas empresas Na e Bo

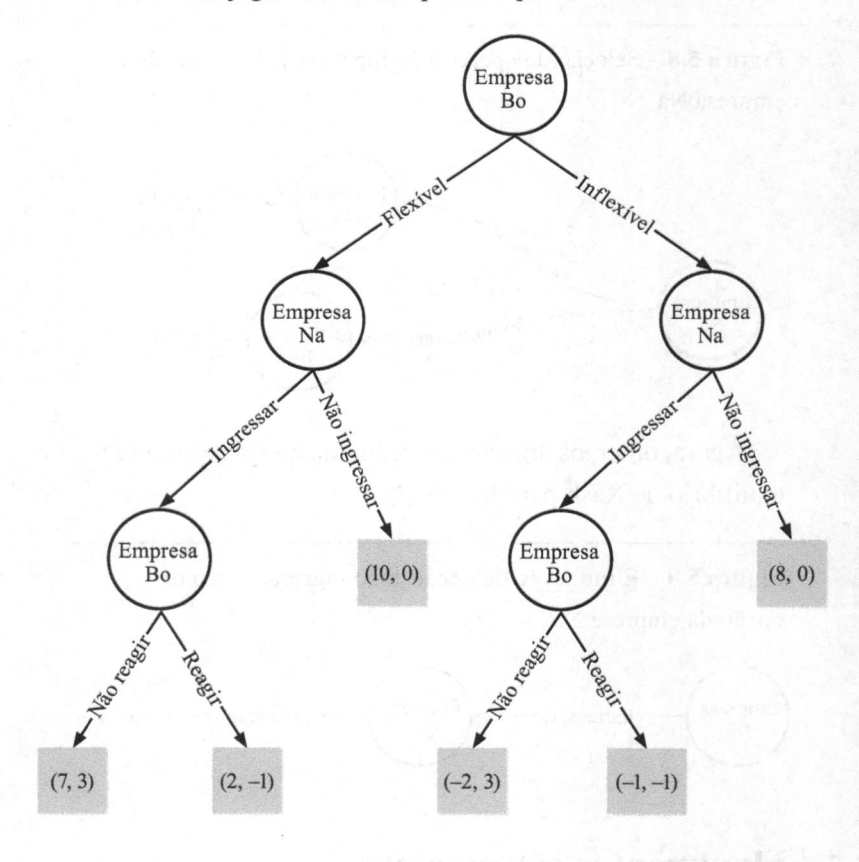

Nesse exemplo, temos um jogo bem mais complexo, que diferencia dois cenários considerando-se uma primeira jogada

da empresa Bo: ter uma produção {flexível} ou {inflexível}. Dessa forma, estamos tratando de duas situações distintas:

1. Quando sua capacidade produtiva é inflexível, a empresa Bo tem pouca força de reação, dado o tipo de ativo que possui para gerar sua cadeia produtiva. Suponha, por exemplo, que, na produção de perfumes, sua fábrica demanda uma tubulação de gás que não pode ser utilizada para outro propósito que não seja a produção de perfumes e que nem mesmo possa ser reinstalada em outro lugar. Nesse contexto, a estratégia de reação da empresa Bo é menor, visto que ela tem dificuldade de alterar sua estratégia de produção. Se ela decidir, por exemplo, diminuir o preço de seus produtos numa campanha agressiva, terá dificuldades que farão seu custo de produção aumentar.

2. Note, agora, que haverá outras possibilidades de resultados e que a apresentação deles começa pelo resultado da empresa Bo, uma vez que ela realiza a jogada inicial – outra diferença em relação ao jogo da entrada desenvolvido anteriormente. Se a empresa Bo decidir ter sua capacidade de produção {flexível}, as ramificações desse jogo serão as mesmas do jogo da entrada, porém, se decidir ter sua capacidade de produção {inflexível}, o resultado será completamente diferente.

Vamos usar o método da indução reversa discutido anteriormente para encontrar e interpretar o equilíbrio de Nash desse jogo. Para isso, analisamos a árvore de decisões do final ao início, eliminando os piores nós de cada caso.

Figura 5.11 – Seleção das opções {reagir} e {não reagir} dadas as diferentes combinações de jogadas anteriores das empresas Na e Bo

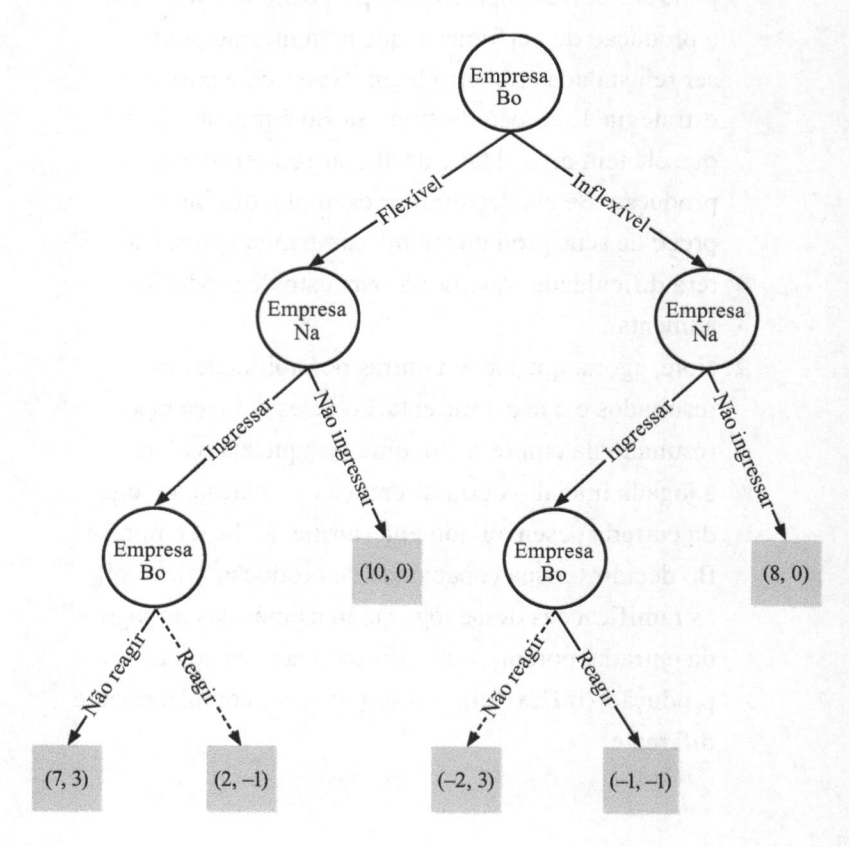

Perceba que, considerando-se uma capacidade {flexível} e a entrada da empresa Na no mercado, a melhor opção para a empresa Bo será {não reagir}. Entretanto, para uma capacidade {inflexível} e a entrada da empresa Na no mercado, sua melhor opção será {reagir}. Então, simplificamos a árvore de decisões anterior.

Figura 5.12 – Eliminação das opções {reagir} e {não reagir} dadas as diferentes combinações de jogadas anteriores das empresas Na e Bo

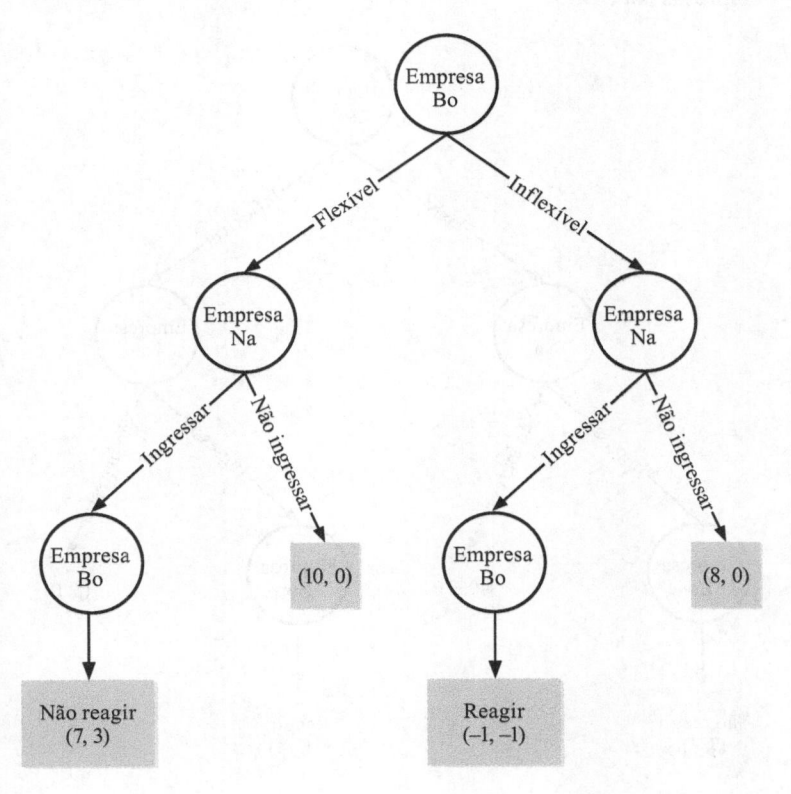

Agora, vejamos as decisões em cada um dos ramos da empresa Na entre {ingressar} e {não ingressar}. Se a empresa Bo escolher uma capacidade de produção {flexível}, a melhor opção que a Na poderá adotar é {ingressar}, ao passo que, se a Bo escolher uma capacidade {inflexível}, a melhor opção para a Na será {não ingressar}.

Figura 5.13 – Seleção das opções {ingressar} e {não ingressar} dadas as diferentes combinações de jogadas anteriores das empresas Na e Bo

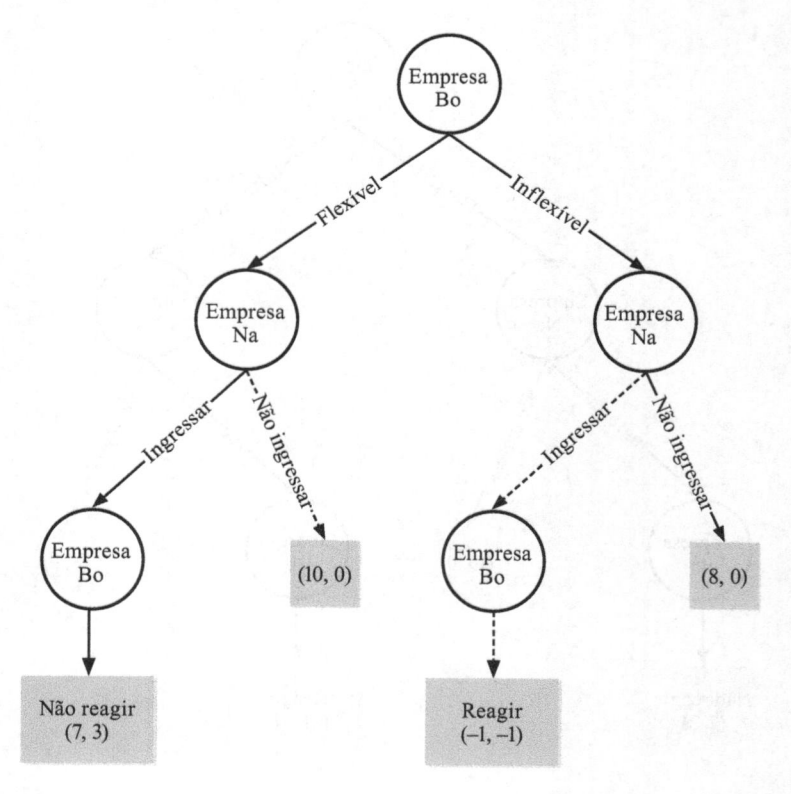

Note que podemos eliminar as possibilidades hachuradas para obter uma árvore de decisões ainda mais simplificada.

Figura 5.14 – Eliminação das opções {ingressar} e {não ingressar} dadas as diferentes combinações de jogadas anteriores das empresas Na e Bo

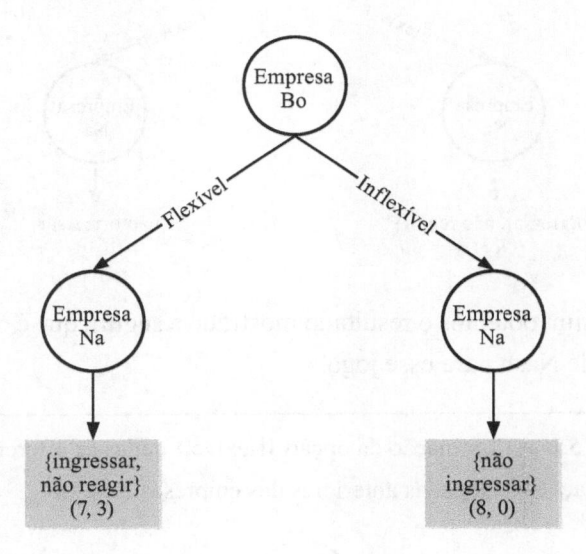

Em nossa última análise, eliminamos o ramo {flexível}, que é a pior decisão que a empresa Bo pode tomar.

Figura 5.15 – Seleção das opções {flexível} e {inflexível} dadas as diferentes combinações de jogadas anteriores das empresas Na e Bo

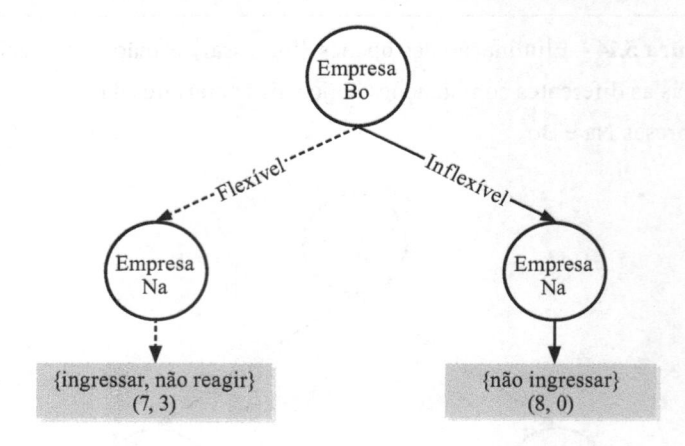

Assim, obtemos o resultado mostrado a seguir, que é o equilíbrio de Nash para esse jogo.

Figura 5.16 – Eliminação da opção {flexível} dadas as diferentes combinações de jogadas anteriores das empresas Na e Bo

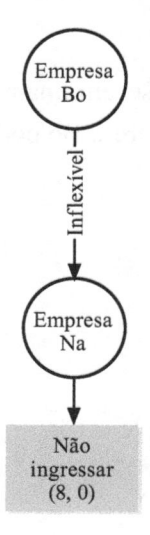

O que ocorreu nesse equilíbrio? Com a decisão prévia da empresa Bo de transformar sua capacidade produtiva de {flexível} para {inflexível}, ela alterou o resultado do jogo: agora não é mais viável a entrada da empresa Na. O equilíbrio passou a ser {inflexível, não ingressar}, com um resultado de R$ 8 milhões de lucro para a empresa Bo e um lucro nulo para a empresa Na.

5.5 Jogo da centopeia

Agora, veremos um exemplo de jogo sequencial conhecido como "Jogo da centopeia", no qual há dois jogadores (o jogador A e o jogador B) que precisam, cada um na sua vez, decidir entre {continuar} e {sair}. A árvore de decisões a seguir mostra os resultados possíveis das escolhas desse jogo.

Figura 5.17 – Árvore de decisões apresentando o resultado do jogo da centopeia entre os jogadores A e B

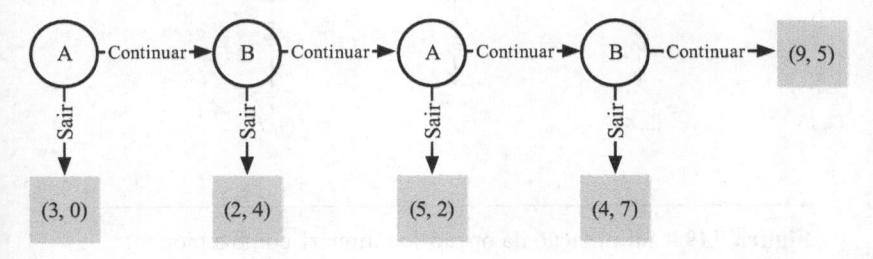

Perceba, inicialmente, que o formato do jogo lembra uma centopeia, daí a definição de seu nome. O que acontece é que cada um dos participantes tem um incentivo para diminuir seus interesses individuais, visto que, nesse caso, haverá uma recompensa maior distribuída a todos no final.

Esse jogo pode ter um resultado muito melhor se for tratado de forma colaborativa, isto é, os jogadores devem confiar uns nos outros para levar a disputa o mais longe possível, garantindo a maior quantia recebida em seu encerramento.

Entretanto, não sendo um jogo colaborativo, vamos analisar o equilíbrio de Nash desse jogo por meio do método da indução reversa. Entre {continuar} e {sair}, a melhor decisão que B pode assumir no último nó da ramificação é {sair}. Nesse caso, ele ficará com um lucro de 7 unidades, ao passo que, se escolher {continuar}, ficará com apenas 5. Portanto, vamos remover esta última opção da árvore.

Figura 5.18 – Seleção da opção {continuar} como a pior decisão para o jogador B, dado o nível do jogo apresentado

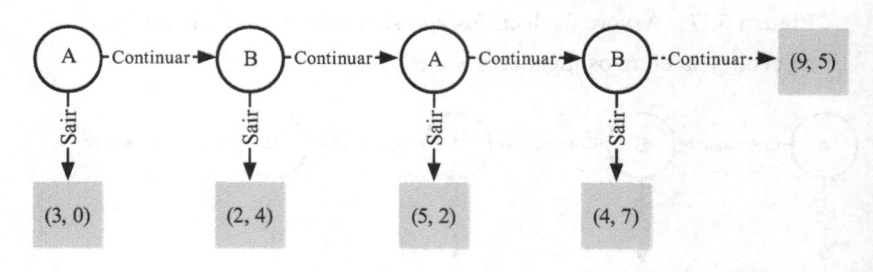

Figura 5.19 – Eliminação da opção {continuar} como a pior decisão para o jogador B, dado o nível do jogo apresentado

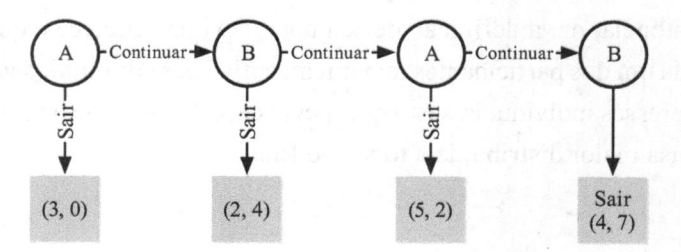

Agora, precisamos analisar qual será a opção de *A*, entre {continuar} e {sair}. Se ele decidir {continuar}, ficará com um lucro de 4, mas, se optar por {sair}, ficará com 5. Nesse caso, removemos a opção {continuar} da árvore.

Figura 5.20 – Seleção da opção {continuar} como a pior decisão para o jogador *A*, dado o nível do jogo apresentado

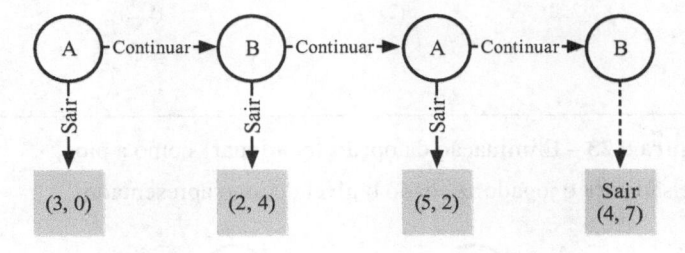

Figura 5.21 – Eliminação da opção {continuar} como a pior opção para o jogador *A*, dado o nível do jogo apresentado

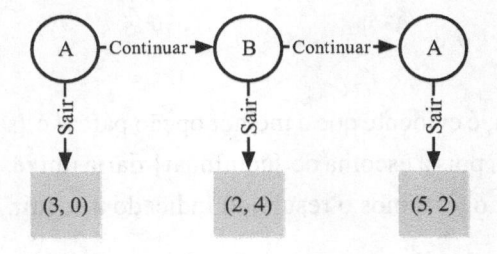

Continuamos nossa análise verificando qual opção *B* assumirá. Se optar por {continuar}, terá um resultado de 2, mas, se escolher {sair}, terá um resultado de 4. Então, sua melhor decisão é {sair}, e reescrevemos a árvore como mostrado a seguir.

Figura 5.22 – Seleção da opção {continuar} como a pior decisão para o jogador *B*, dado o nível do jogo apresentado

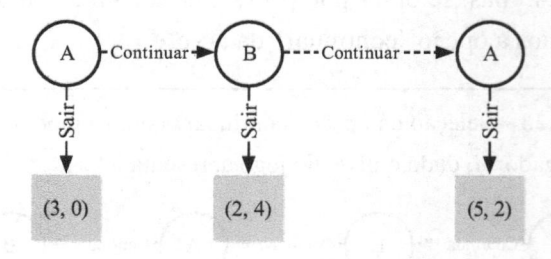

Figura 5.23 – Eliminação da opção {continuar} como a pior decisão para o jogador *B*, dado o nível do jogo apresentado

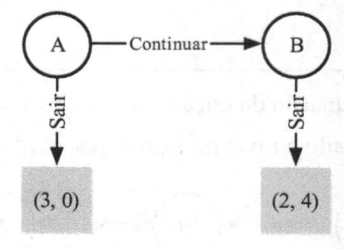

Por fim, é evidente que a melhor opção para *A* é {sair}, resultando em 3, pois a escolha de {continuar} daria um resultado de apenas 2. Logo, temos o resultado indicado a seguir.

Figura 5.24 – Seleção da opção {continuar} como a pior decisão para o jogador *A*, dado o nível do jogo apresentado

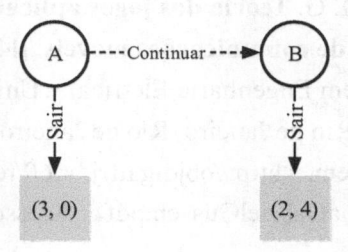

Figura 5.25 – Eliminação da opção {continuar} como a pior decisão para o jogador *A*, dado o nível do jogo apresentado – equilíbrio de Nash

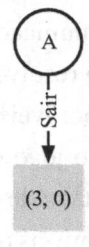

Assim, chegamos ao resultado do jogo: {sair}. Dessa forma, percebemos que a decisão mais racional para os jogadores *A* e *B* é não disputar esse jogo, a menos que optem por colaborar com seus rivais.

PARA SABER MAIS

GUSSEN, C. M. G. **Teoria dos jogos aplicada a problemas de comunicações móveis**. 114 f. Dissertação (Mestrado em Engenharia Elétrica) – Universidade Federal do Rio de Janeiro, Rio de Janeiro 2012. Disponível em: <http://objdig.ufrj.br/60/teses/coppe_m/CamilaMariaGabrielGussen.pdf>. Acesso em: 17 jan. 2023.

Temos visto que a teoria dos jogos pode ser aplicada nas mais distintas áreas de conhecimento, especialmente naquelas em que precisamos resolver algum tipo de conflito ou disputa. Nesse sentido, Gussen (2012) elaborou uma dissertação de mestrado aplicando os conceitos da teoria dos jogos em problemas de comunicações móveis. Nesse trabalho, você verá que a autora resolveu um jogo envolvendo a utilização de recursos disponíveis de um usuário que está no *status idle* (ausente). No jogo em questão, há usuários transmitindo dados a uma taxa de transmissão muito baixa, mas que têm recursos disponíveis para ajudá-los no aumento da taxa de transmissão.

Camila Maria Gussen aborda os conceitos que temos examinado neste livro, como as estratégias pura e mista e o equilíbrio de Nash, além de outros pontos de equilíbrio, como o equilíbrio de Wardrop, que podem ser investigados pela teoria dos jogos.

PEREIRA, S. B. **Introdução à teoria dos jogos e a matemática no ensino médio**. 68 f. Dissertação (Mestrado em Matemática) – Pontifícia Universidade Católica do Rio de Janeiro, Rio de Janeiro, 2014. Disponível em: <https://www.maxwell.vrac.puc-rio.br/24177/24177.PDF>. Acesso em: 10 jan. 2023.

Você sabia que a teoria dos jogos também pode ser utilizada para ajudar professores do ensino médio a ministrar suas aulas de Matemática? Foi a essa conclusão que chegou o professor Silvio Barros Pereira, que defendeu a dissertação indicada acima. Em seu trabalho, o autor aponta a teoria dos jogos como elemento motivador para o ensino da disciplina de Matemática, especialmente em turmas do terceiro ano do ensino médio. Mesmo com classes que apresentam certa dificuldade na matéria, o professor foi capaz de desenvolver uma sequência didática que contemplou aspectos históricos da teoria, como o jogo "O dilema dos prisioneiros", as matrizes de ganho e a estratégia dominante, para que os estudantes se sentissem motivados com o aprendizado de matemática.

Síntese

Neste capítulo, analisamos os jogos sequenciais e o equilíbrio de Nash em subjogos sequenciais.

Na seção **"Jogos sequenciais e equilíbrio de Nash"**, vimos que:

- os jogos sequenciais são representados, matematicamente, por árvores de decisões;
- a avaliação pelo equilíbrio de Nash deve ser feita de forma cautelosa em razão de algumas restrições da ferramenta nesse tipo de análise;
- nesse caso, a ordem com que os jogadores realizam suas decisões precisa ser considerada.

Na seção **"Equilíbrio de Nash em subjogos sequenciais"**, verificamos que:

- no jogo da entrada, seu equilíbrio de Nash pode ser determinado por meio de um modelo de análise por subjogos sequenciais;
- os subjogos sequenciais sempre se iniciam num único nó de decisão;
- os subjogos sequenciais sempre contêm todos os nós que se seguem ao nó inicial;
- os subjogos sequenciais, nos casos em que contenham qualquer nó de um conjunto de informações, conterão todos os nós desse conjunto de informações.

Na seção **"Método da indução reversa"**, observamos que:

- devemos analisar o jogo de fora para dentro;
- devemos eliminar os piores casos de cada jogador;
- devemos repetir a operação até chegar ao nó inicial do jogo.

Na seção "**Movimentos estratégicos**", vimos que:

- uma decisão a mais para um dos jogadores pode mudar consideravelmente o resultado final;
- uma capacidade produtiva inflexível ocorre quando a empresa tem pouca força de reação para realizar uma mudança em sua cadeia produtiva, mas custos iniciais menores;
- uma capacidade produtiva flexível ocorre quando a empresa tem muita força de reação para realizar uma mudança em sua cadeia produtiva, mas custos iniciais maiores.

Na seção "**Jogo da centopeia**", vimos que:

- existem jogos que apresentam um incentivo para que os jogadores diminuam seus interesses individuais a fim de obter uma recompensa maior no futuro.

Como síntese deste capítulo, apresentamos os mapas mentais a seguir, que podem ajudá-lo a relembrar os tópicos discutidos. Também fica o convite para que você desenvolva seus próprios mapas mentais para fixar os conteúdos estudados.

Figura 5.26 – Mapa mental representando os conhecimentos aprendidos na seção "Jogos sequenciais e equilíbrio de Nash"

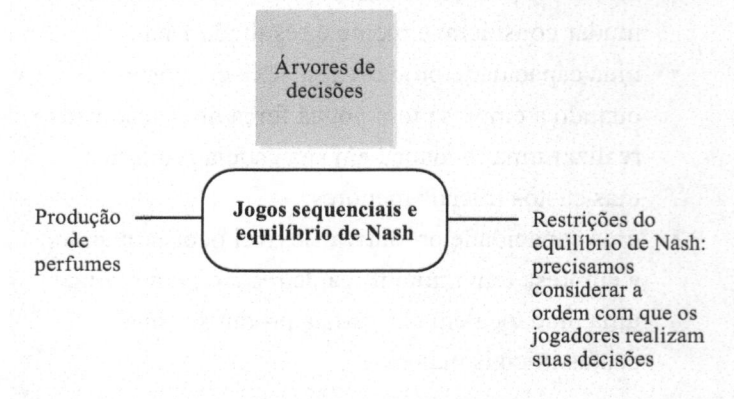

Figura 5.27 – Mapa mental representando os conhecimentos aprendidos na seção "Equilíbrio de Nash em subjogos sequenciais"

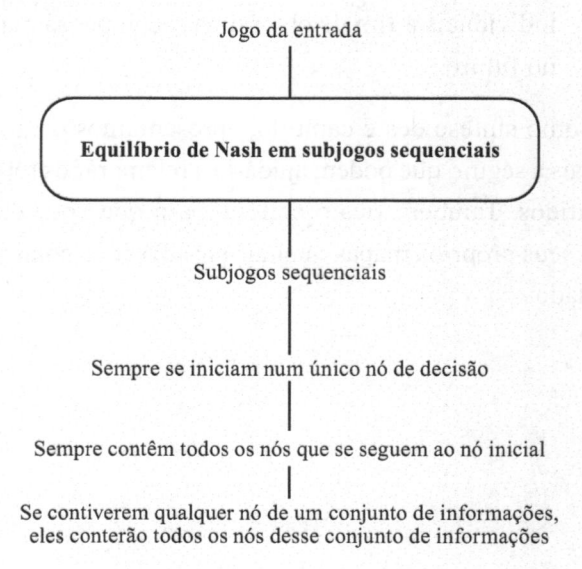

Figura 5.28 – Mapa mental representando os conhecimentos aprendidos na seção "Método da indução reversa"

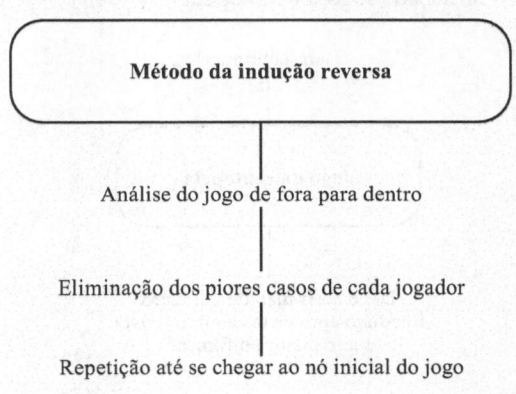

Figura 5.29 – Mapa mental representando os conhecimentos aprendidos na seção "Movimentos estratégicos"

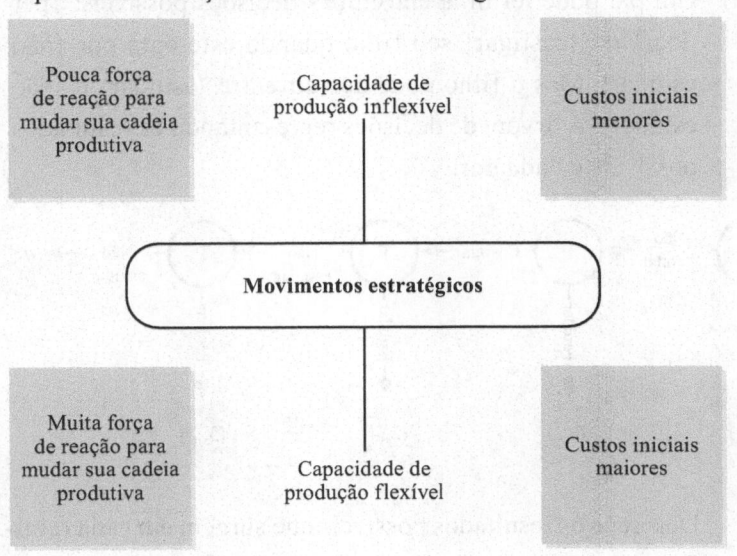

Figura 5.30 – Mapa mental representando os conhecimentos aprendidos na seção "Jogo da centopeia"

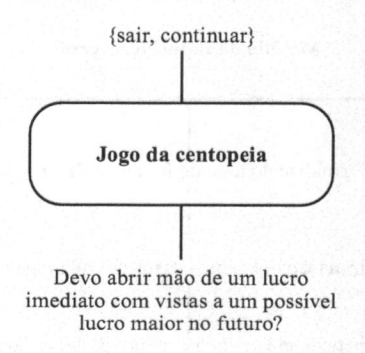

QUESTÕES PARA REVISÃO

1) Um pai pode ter uma entre duas decisões possíveis: {perdoar} ou {castigar} seu filho quando este opta por {não estudar}. Mas o filho pode decidir entre {estudar} e {não estudar}. A árvore de decisões representando os resultados possíveis é dada por:

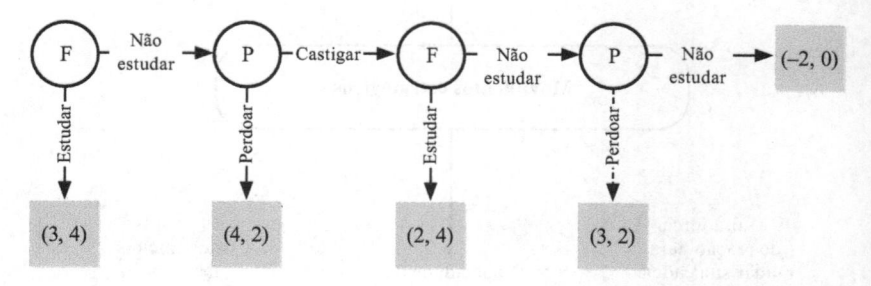

Descreva os resultados possíveis que surgem em cada ramificação e use o método da indução reversa para prever o resultado do jogo.

2) Nas redes sociais, tornou-se comum um jogo intitulado "Aceita ou dobra e passa para o próximo". Na brincadeira, geralmente um influenciador digital oferece R$ 1 para uma pessoa aleatória na rua, que tem duas opções: (1) aceitar ou (2) não aceitar o dinheiro, deixando para o próximo o dobro da quantia. Quando a pessoa não aceita, o próximo tem as mesmas opções, mas para a quantia de R$ 2, e assim por diante. Os influenciadores ficaram famosos por brincadeiras envolvendo não apenas dinheiro mas também pacotes de bolachas e vassouras. Desenhe a representação dessa brincadeira como um jogo da centopeia e encontre seu equilíbrio de Nash.

3) Com base nos exemplos de jogos sequenciais comentados ao longo deste capítulo, assinale a alternativa que apresenta um jogo sequencial:

   a. Xadrez.
   b. Futebol.
   c. Corrida.

4) Considere o jogo da centopeia conforme a árvore de decisões a seguir.

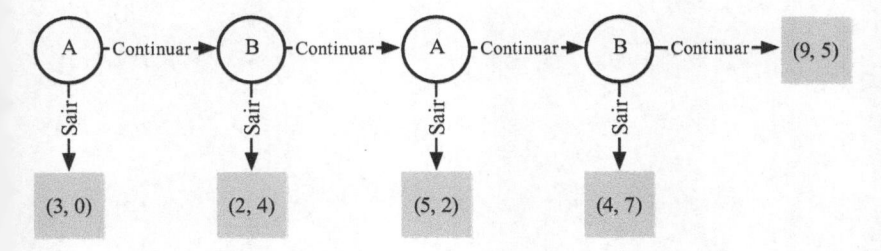

Considerando que esse jogo possa ser jogado de forma colaborativa, assinale a alternativa que apresenta o melhor para os jogadores entre os resultados possíveis:

a. {sair}.

b. {continuar, sair}.

c. {continuar, continuar, continuar, sair}.

5) Considerando o mesmo jogo apresentado na questão anterior, assinale a alternativa que apresenta o equilíbrio de Nash perfeito para esse jogo:

a. {continuar, sair}.

b. {sair}.

c. {continuar, continuar, continuar, sair}.

Conteúdos do capítulo:

- Poder da cooperação em jogos repetidos.
- Cartéis.
- Cooperação em jogos repetidos finitos.
- Jogos infinitamente repetidos.
- Ótimo de Pareto: otimizando a alocação de recursos.

Após o estudo deste capítulo, você será capaz de:

1. indicar exemplos de jogos repetidos e o motivo pelo qual a cooperação pode levar a resultados melhores em jogos futuros;
2. compreender o cartel como um jogo simultâneo simples e a razão pela qual o entendimento como um jogo repetido finito pode alterar os resultados esperados;
3. utilizar árvores de decisão para investigar por que jogos repetidos finitos não induzem a cooperação entre jogadores;

6

Jogos infinitamente repetidos

4. reconhecer como jogos infinitamente repetidos podem levar a situações de cooperação a depender da taxa de desconto-base;
5. identificar que o equilíbrio de Nash nem sempre converge para o ótimo de Pareto e entender como utilizar jogos repetidos infinitamente para otimizar a alocação de recursos de forma cooperativa.

Você chegou ao último capítulo deste livro sobre a teoria dos jogos. Até este ponto de nossa abordagem, você conheceu as principais ferramentas que servem base para as modelagens aplicadas nessa área. Agora, vamos discutir a modelagem de jogos repetidos, isto é, jogos que ocorrem mais de uma vez. Nesse sentido, veremos como a cooperação é um fator relevante para descrever o resultado de cada jogo.

6.1 Poder da cooperação em jogos repetidos

Quando estamos tratando de jogos repetidos, imaginamos jogos que têm uma **história**. Dessa forma, uma das informações disponíveis para a análise é o que cada um dos jogadores fez nos outros jogos que já aconteceram.

EXEMPLIFICANDO

Podemos imaginar uma empresa montadora de carros: todo ano, ela lança um modelo novo e adéqua sua fábrica para produzi-lo. Sabemos que, antigamente, essas empresas eram responsáveis por todo o processo envolvido na produção dos automóveis: desde a fabricação do motor, passando pela confecção das rodas e da lataria, até a montagem e a criação dos bancos e de todos os acessórios. Aos poucos, as montadoras de carro foram terceirizando alguns de seus serviços. Atualmente, as empresas contratam outras para fornecerem certas partes do carro, como as rodas e os pneus, os bancos, os acessórios e tantas outras peças.

Desse modo, o negócio atual demanda uma comunicação precisa entre a empresa montadora e suas empresas fornecedoras. Afinal, a montadora solicita uma peça do carro com especificações adequadas para o bom funcionamento do veículo, além de requerer esse material em tempo hábil para o lançamento do veículo. O que a montadora espera de seus fornecedores é que estes não prejudiquem o processo produtivo.

Além disso, as empresas fornecedoras também têm seus interesses nesse jogo – elas esperam que os pagamentos sejam realizados no prazo correto e que a montadora compre os produtos demandados. Ademais, ingressar nesse jogo, para tais empresas, envolve um risco grande: elas precisam fazer um grande investimento para produzir a peça nas especificações solicitadas e não conseguem escoar seu produto para outra empresa, caso haja algum problema com o negócio.

O que acontece na prática, afinal? As empresas, tanto a montadora quanto as fornecedoras, utilizam o histórico de outros jogos para tomar suas decisões. Assim, são capazes de avaliar se cada um dos parceiros honrou ou não seus compromissos anteriores.

Note que, à medida que mais e mais negócios vão ocorrendo, verificamos que existe uma etapa que se repete. Em todo jogo, a empresa montadora precisa especificar e adquirir o produto sem saber se as fornecedoras vão produzi-lo com qualidade e no prazo adequado. Em todo jogo, as empresas fornecedoras precisam investir para produzir as peças solicitadas sem saber se a montadora vai realizar o pagamento e adquirir o lote.

Perceba que o objetivo nesse jogo é induzir a colaboração, isto é, fazer com que os jogadores se ajudem para atingir o melhor resultado após várias rodadas. Ademais, caso um dos jogadores decida trair o outro e agir fora da expectativa, poderá ter um benefício no curto prazo, mas acabará com rendimentos piores no futuro.

6.2 Cartéis

Para analisarmos como o entendimento de certas situações dos jogos repetidos muda a ação e o comportamento dos jogadores, vamos relembrar o caso tratado no Capítulo 4 envolvendo o jogo da determinação simultânea de quantidades de duas empresas produtoras e distribuidoras de areia de certo município. Você deve se lembrar de que a curva de demanda era dada por:

$$p = 100 - q_A - q_B$$

em que q_A e q_B representavam a quantidade demandada de A e B, respectivamente, e p retratava o preço de mercado. Você também deve se lembrar de que o preço ia diminuindo à medida que mais e mais areia estivesse disponível no mercado. Você deve ter percebido que a recompensa (lucro) de cada empresa depende do nível de produção de cada uma e é dada por:

$$u_A = 96q_A - q_A^2 - q_A q_B$$
$$u_B = 96q_B - q_B^2 - q_A q_B$$

Aqui, u_A e u_B representam as funções recompensas da empresa A e da empresa B, respectivamente.

Também vimos que o melhor resultado depende do nível de produção esperado do concorrente, lembrando que a maximização de lucro disponível, a ser distribuído entre as duas empresas, ocorre quando são produzidas 48 unidades. Então, na formação de um cartel, os diretores das empresas poderiam determinar um acordo sobre a quantidade de unidades produzidas: para atingir o melhor resultado, elas poderiam colaborar produzindo, cada uma, 24 unidades. Nesse caso, o preço seria dado por:

$$p = 100 - q_A - q_B$$
$$p = 100 - 24 - 24$$
$$p = 52$$

Assim, poderíamos encontrar o lucro de cada uma das empresas no cartel (que é igual, considerando-se suas receitas e seus custos):

$$u_A = 96q_A - q_A^2 - q_A q_B$$
$$u_A = 96 \cdot 24 - 24^2 - 24 \cdot 24$$
$$u_A = 1\,152$$
$$u_B = 1\,152$$

Agora, veja o que ocorreria se uma das empresas, digamos, a empresa *A*, decidisse trair o cartel e produzir além do esperado – 32 unidades, por exemplo. Nesse caso, o preço seria dado por:

$$p = 100 - q_A - q_B$$
$$p = 100 - 32 - 24$$
$$p = 44$$

Assim, o lucro de cada empresa seria diferente:

$$u_A = 96q_A - q_A^2 - q_A q_B$$
$$u_A = 96 \cdot 32 - 32^2 - 32 \cdot 24$$
$$u_A = 1\,280$$
$$u_B = 96q_B - q_B^2 - q_A q_B$$
$$u_B = 96 \cdot 24 - 24^2 - 32 \cdot 24$$
$$u_B = 960$$

Como a situação é simétrica, perceba que, se a empresa *B* fosse a traidora, chegaríamos à seguinte recompensa:

$$u_A = 960$$
$$u_B = 1\,280$$

Se ambas as empresas traíssem o cartel e decidissem, cada uma, produzir 32 unidades, o preço seria:

$$p = 100 - q_A - q_B$$
$$p = 100 - 32 - 32$$
$$p = 36$$

O lucro de cada empresa seria:

$$u_A = 96q_A - q_A^2 - q_A q_B$$
$$u_A = 96 \cdot 32 - 32^2 - 32 \cdot 32$$
$$u_A = 1\,024$$
$$u_B = 1\,024$$

Observe a matriz de *pay-offs* desse jogo.

Matriz 6.1 – Matriz de *pay-offs* entre as empresas A e B em relação à opção de jogo colaborativo

Empresa *A*	Empresa *B*	
	Colaborar	Trair
Colaborar	(1 152, 1 152)	(960, 1 280)
Trair	(1 280, 960)	(1 024, 1 024)

Note que, nesse jogo, o equilíbrio de Nash ocorre apenas uma vez: {trair, trair}. Mas será que essa é a melhor opção sabendo-se que esses preços são determinados periodicamente?

6.3 Cooperação em jogos repetidos finitos

O equilíbrio de Nash a que as duas empresas do exemplo anterior chegaram é um resultado pior do que o alcançado se elas colaborassem entre si. É evidente que, se esse jogo ocorresse várias e várias vezes, a diferença de lucro obtido em colaboração seria muito maior do que na forma não colaborativa.

EXEMPLIFICANDO

Perceba que uma nova rodada do jogo seria como se considerássemos cada um dos jogos como uma representação sequencial. Afinal, cada jogo é jogado com conhecimento total do jogo anterior. Aqui, podemos utilizar uma árvore de decisões para representar cada um dos jogos. Existe uma pequena diferença, já que cada nó é um dos lances possíveis.

Figura 6.1 – Árvore de decisões apresentando duas rodadas do mesmo jogo tratado anteriormente

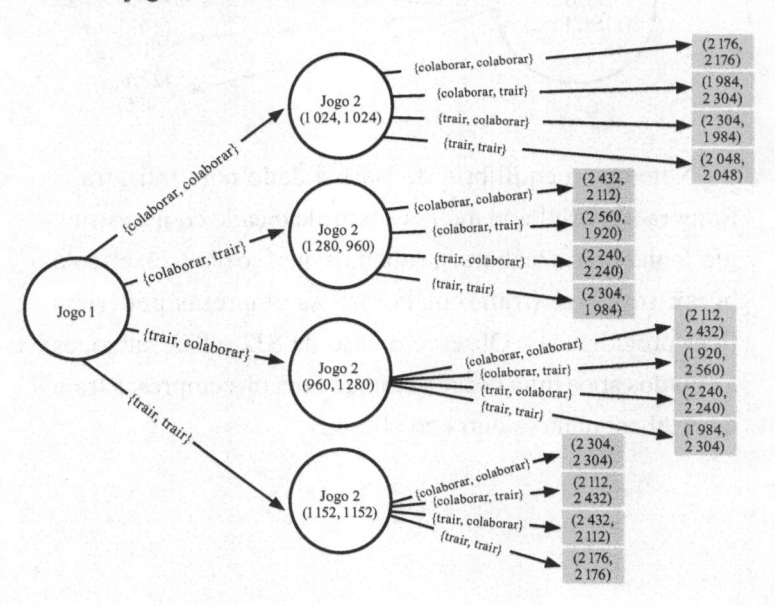

Como estamos utilizando a representação por árvores de decisões, podemos investigar os subjogos que ocorrem como consequência de cada um dos resultados possíveis. Vamos verificar se cada uma das empresas tem incentivo para jogar de uma forma distinta do que ocorreu no primeiro jogo.

Inicialmente, vejamos o SJ1, subjogo formado após uma rodada em que ambas as empresas colaboraram.

Figura 6.2 – Subjogo SJ1, formado após uma rodada em que ambas as empresas colaboraram

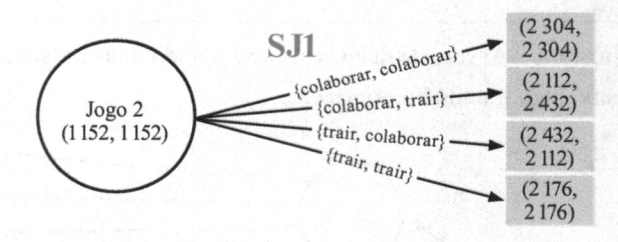

Note que o equilíbrio de Nash é dado por {trair, trair}. Embora um resultado melhor fosse alcançado com a estratégia {colaborar, colaborar}, sabemos que, se ocorresse {colaborar, trair} ou {trair, colaborar}, as empresas poderiam ficar prejudicadas. Observe o caso de SJ2 e SJ3, subjogos formados após uma rodada em que uma das empresas traiu o cartel enquanto a outra colaborou.

Figura 6.3 – Subjogos SJ2 e SJ3, formados após uma rodada em que uma das empresas traiu o cartel enquanto a outra colaborou

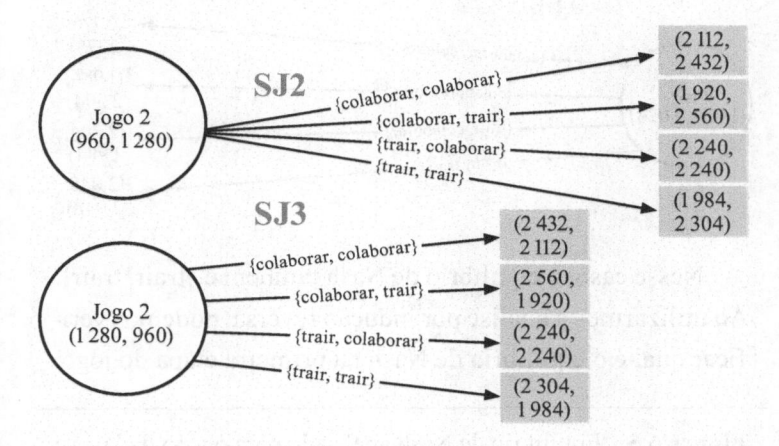

Nesse caso, os dois subjogos estão apresentados numa única figura porque são rodadas simétricas: os resultados são os mesmos considerando-se quem é a empresa traidora. Perceba que todos esses casos são versões equivalentes ao jogo "O dilema dos prisioneiros" – o equilíbrio de Nash em ambos é {trair, trair}, mesmo que {colaborar, colaborar} oferte um resultado melhor para cada uma das empresas em razão da falta de incentivo dos resultados {colaborar, trair} e {trair, colaborar}.

No último caso, temos o subjogo SJ4, formado pelos resultados possíveis após uma situação {trair, trair}.

Figura 6.4 – Subjogo SJ4, formado após uma rodada em que ambas as empresas traíram o cartel

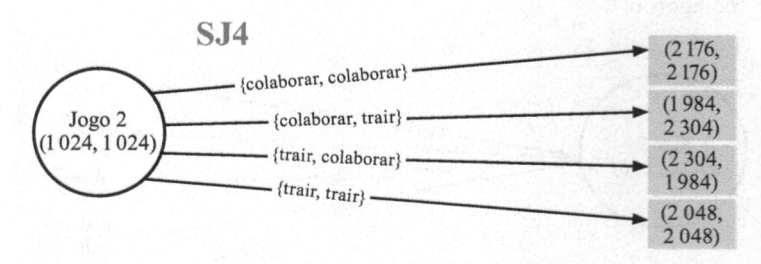

Nesse caso, o equilíbrio de Nash também é {trair, trair}. Ao utilizarmos a análise por indução reversa, podemos verificar qual é o equilíbrio de Nash na primeira etapa do jogo.

Figura 6.5 – Equilíbrio de Nash analisado para o jogo dada a existência de duas rodadas

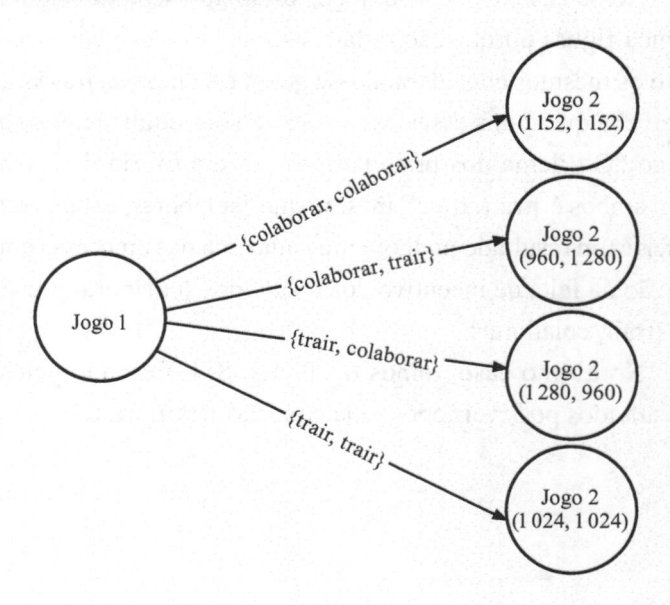

Nesse caso, o equilíbrio de Nash também é {trair, trair}. Como o equilíbrio de Nash dos subjogos é o mesmo do jogo como um todo, concluímos que {(trair, trair); (trair, trair)} é o equilíbrio de Nash.

O que acabamos de observar é que, quando o jogo é repetido um número de vezes finito, não há incentivo para que os jogadores colaborem entre si.

6.4 Jogos infinitamente repetidos

Vale destacar que o que está acontecendo no jogo do exemplo anterior é que não existe nenhuma interação futura que incentive a cooperação na última fase do jogo. O equilíbrio de Nash na última etapa é {trair, trair}. Sabendo-se que essa será a melhor decisão a ser tomada, essa etapa não gera dúvida a nenhuma das empresas. Dessa forma, poderíamos retroceder à etapa anterior, considerando-a a última que terá uma decisão relevante; entretanto, sendo ela agora a última, o equilíbrio de Nash será {trair, trair} novamente. Agindo de forma recursiva, chegaremos à primeira etapa do jogo sem incentivo para {colaborar, colaborar}.

Como incentivamos a colaboração nesse caso? Eliminando a possibilidade de término de colaboração que ocorre na última etapa ou criando mecanismos de coerção externos, como a legislação ou a perda de mercado geral.

Para saber mais

FIANI, R. **Teoria dos jogos**: com aplicações em economia, administração e ciências sociais. Rio de Janeiro: Campus, 2015.

Sobre os mecanismos de coerção externos e à forma de modelá-los do ponto de vista da teoria dos jogos, recomendamos a leitura de um caso tratado em Fiani (2015) que nos permite concluir como determinar uma coerção adequada (como um imposto) para surtir o efeito desejado (ver a página 278 dessa obra).

Sobre o incentivo à colaboração, também recomendamos a leitura de um caso tratado em Fiani (2015) que indica situações nas quais existe um fator de desconto financeiro ao longo do tempo, como ocorre na inflação, podem impulsionar a colaboração a depender de seu nível (ver a página 285 dessa obra).

O fator de desconto é um valor entre 0 e 1, denotado por δ. Dessa maneira, existe uma taxa de juros que traduz a taxa de desconto, dada por:

$$\delta = \frac{1}{1+r}$$

Assim, usamos a taxa de desconto para dar uma probabilidade de término do jogo. Podemos mostrar, com ferramentas da matemática financeira, que o valor presente de uma série descontada será dada por:

$$S = \frac{1}{1-\delta}$$

Nesse caso, podemos observar que *S* determina uma **estratégia-gatilho**, isto é, uma estratégia em que o jogador fará sempre a mesma ação, a menos que uma condição, isto é, um gatilho, o faça agir de outra maneira até o final do jogo. No caso da cooperação *versus* traição, uma estratégia-gatilho pode ser a colaboração até que um dos jogadores traia – assim, ambos os jogadores passarão a jogar {trair, trair} até o final do jogo.

E aqui, fica a lição dada por Fiani (2015, p. 289):

Em dilemas dos prisioneiros infinitamente repetidos, dadas as recompensas dos jogadores, se o fator de desconto for suficientemente elevado, isto é, se os jogadores forem suficientemente pacientes, a cooperação pode ser sustentada por meio da adoção de uma estratégia-gatilho por parte dos jogadores.

Vejamos em detalhes o funcionamento da taxa de desconto na próxima seção.

6.5 Ótimo de Pareto: otimizando a alocação de recursos

Nesta última seção, vamos resolver um problema envolvendo um jogo repetido infinitamente. Nosso objetivo será encontrar o equilíbrio de Nash para investigar por que nem sempre ele é considerado como a melhor alocação de recursos possíveis. Então, aproveitaremos a discussão para introduzir o conceito de ótimo de Pareto.

Exercício resolvido

A estratégia-gatilho permite induzir resultados de cooperação em todos os estágios de determinado jogo. Vejamos, em particular, num jogo repetido infinitamente, o que ocorre com o equilíbrio de Nash e como a cooperação permite obter um resultado melhor.

Agora, vamos considerar duas empresas concorrentes do ramo de móveis de luxo, a Movelzão e a Movelzinho. Elas estão armando estratégias para abrir filiais em todos os municípios do Brasil, de forma que o jogo perdurará por tanto tempo que poderá ser considerado um jogo repetido infinitamente. Vamos observar a matriz de *pay-offs* de uma rodada desse jogo.

Matriz 6.2 – Matriz de *pay-offs* do jogo entre as empresas Movelzão e Movelzinho nas decisões {abrir}, {crescer} ou {investir}

Movelzão	Movelzinho		
	Abrir nova filial	**Crescer com a filial já existente**	**Investir na produção geral**
Abrir nova filial	(2, 1)	(3, 2)	(3, 3)
Crescer com a filial já existente	(8, 0)	(1, 0)	(0, 1)
Investir na produção geral	(5, 5)	(1, 1)	(0, 6)

Antes de investigarmos o que ocorre quando consideramos esse caso como um jogo repetido infinitamente, vamos determinar seu equilíbrio de Nash. Note que as empresas Movelzão e Movelzinho têm o mesmo curso de ação, isto é, podem {abrir} uma nova filial, {crescer} com a filial já existente ou ainda {investir} na produção geral de suas fábricas. Perceba que a modelagem não é simétrica, visto que, por exemplo {abrir, crescer} gera 3 de lucro numa única rodada para a empresa Movelzão e 2 de lucro para a empresa Movelzinho, ao passo que {crescer, abrir} gera 8 de lucro para a Movelzão e nenhum lucro para a Movelzinho.

Para determinarmos qual é o equilíbrio de Nash desse jogo, primeiramente vamos analisar o que a empresa Movelzão deve fazer, tendo em vista cada uma das possibilidades da Movelzinho:

- Se a empresa Movelzinhp jogar {abrir}, a melhor opção para a Movelzão será {crescer}. Nesse caso, o lucro dela será de 8, contra as outras duas possibilidades: 2 {abrir} e 5 {investir}.
- Se a empresa Movelzinho jogar {crescer}, a melhor opção para a Movelzão será {abrir}. Nesse caso, seu lucro será de 3, contra as outras duas possibilidades: 1 {crescer} e 1 {investir}.
- Agora, se a empresa Movelzinho decidir jogar {investir}, a melhor opção para a Movelzão será {abrir}. Nesse caso, seu lucro será de 3, contra as outras duas possibilidades: zero {crescer} e zero {investir}.

Você pode perceber que não há uma estratégia dominante para a empresa Movelzão. Entretanto, independentemente de qual seja a jogada da Movelzinho, a Movelzão nunca jogará {investir}. Desse modo, simplificamos a matriz de *pay-offs* para continuarmos a busca pelo equilíbrio de Nash, além de marcar qual é a melhor opção para a empresa Movelzão considerando-se cada jogada da Movelzinho.

Matriz 6.3 – Eliminação da estratégia dominada {investir} da empresa Movelzão

Movelzão	Movelzinho		
	Abrir nova filial	Crescer com a filial já existente	Investir na produção geral
Abrir nova filial	(2, 1)	Mã (3, 2)	Mã (3, 3)
Crescer com a filial já existente	Mã (8, 0)	(1, 0)	(0, 1)

Nessa matriz, Mã representa a melhor opção para a empresa Movelzão, dadas as possibilidades para a Movelzinho.

Agora, podemos realizar uma análise similar do ponto de vista da empresa Movelzinho, tendo em vista as jogadas da Movelzão:

- Se a empresa Movelzão jogar {abrir}, a melhor opção para a Movelzinho será {investir}. Nesse caso, seu lucro será de 3, contra as outras duas possibilidades: 1 {abrir} e 2 {crescer}.

- Se a empresa Movelzão jogar {crescer}, a melhor opção para a Movelzinho será {investir}. Nesse caso, seu lucro será de 1, contra as outras duas possibilidades: zero {abrir} e zero {crescer}.

- Embora já tenhamos eliminado a possibilidade de a empresa Movelzão jogar {investir}, podemos analisar essa opção pela primeira matriz de *pay-offs*, a qual indica que, se isso ocorresse, ainda assim a melhor opção para a Movelzinho seria {investir}. Nesse caso, seu lucro seria de 6, contra as outras duas possibilidades: 5 {abrir} e 1 {crescer}.

Aqui, desde o início do jogo, existe uma estratégia dominante para a empresa Movelzinho. Independentemente da jogada da Movelzão, será sempre vantajoso para ela jogar {investir}. Assim, marcamos a melhor opção dela na matriz de *pay-offs*.

Matriz 6.4 – Determinação do equilíbrio de Nash para o jogo entre as empresas Movelzão e Movelzinho: {abrir, investir}

Movelzão	Movelzinho		
	Abrir nova filial	Crescer com a filial já existente	Investir na produção geral
Abrir nova filial	(2, 1)	Mã (3, 2)	Mã (3, 3) Mi
Crescer com a filial já existente	Mã (8, 0)	(1, 0)	(0, 1) Mi

Nessa matriz, Mã representa a melhor opção para a empresa Movelzão, dadas as possibilidades para a Movelzinho, ao passo que Mi representa a melhor opção para a empresa Movelzinho, dadas as possibilidades para a empresa Movelzão. Cabe lembrar que, por exemplo, (2, 1) retrata o resultado do jogo se a Movelzão optar por {abrir} e a Movelzinho também escolher {abrir}, gerando um lucro de R$ 2 milhões para a primeira e de R$ 1 milhão para a segunda.

Outra representação seria eliminar as opções estritamente dominadas para reduzir a matriz de *pay-offs*.

Matriz 6.5 – Resolução da matriz de *pay-offs* por eliminação de estratégias estritamente dominadas

Movelzão	Movelzinho
	Investir na produção geral
Abrir nova filial	Mã (3, 3) Mi
Crescer com a filial já existente	(0, 1) Mi

Dessa forma, nessa matriz de *pay-offs* reduzida, percebemos que {abrir} é a opção dominante para a empresa Movelzão. Logo, obtemos a matriz a seguir.

Matriz 6.6 – Mesmo equilíbrio de Nash encontrado realizando-se a eliminação de estratégias estritamente dominadas: {abrir, investir}

Movelzão	Movelzinho
	Investir na produção geral
Abrir nova filial	Mã (3, 3) Mi

Assim, {abrir, investir} é o equilíbrio de Nash desse jogo. Logo, tanto a empresa Movelzão quanto a Movelzinho não têm incentivo para realizar uma mudança de movimento. Porém, vamos rever a matriz de *pay-offs* original do problema.

Matriz 6.7 – Revisão do equilíbrio de Nash: essa seria a forma mais eficiente de gerir os recursos?

Movelzão	Movelzinho		
	Abrir nova filial	Crescer com a filial já existente	Investir na produção geral
Abrir nova filial	(2, 1)	(3, 2)	**(3, 3)**
Crescer com a filial já existente	(8, 0)	(1, 0)	(0, 1)
Investir na produção geral	**(5, 5)**	(1, 1)	(0, 6)

Veja que o equilíbrio de Nash encontrado é a opção {abrir, investir}, o que gera um lucro de 3, tanto para a empresa Movelzão quanto para a Movelzinho. No entanto, uma análise cuidadosa nos mostra que esse jogo não está distribuindo de forma **eficiente** seus recursos. Isso porque pelo menos um dos jogadores pode ficar numa posição estritamente melhor: nesse caso, ambos! Se as duas empresas escolherem a opção {investir, abrir}, a Movelzão e a Movelzinho lucrarão, cada uma, 5, o que é, visivelmente, uma opção melhor para as duas.

Perceba que isso aconteceu em vários problemas anteriores: ao identificarmos o equilíbrio de Nash, isso não implicou uma gestão eficiente dos recursos, o que, em termos técnicos, significa que não encontramos o ótimo de Pareto.

O QUE É

O **ótimo de Pareto**, também conhecido como *eficiência de Pareto*, acontece quando identificamos um estado de eficiência máxima de um sistema. Nessa posição do jogo, qualquer mudança que se decida fazer para beneficiar um dos jogadores só será possível piorando-se a situação individual dos outros participantes. Em termos econômicos, esse caso implica que não há condições de maximizar a utilidade de um agente sem degradar a utilidade de outro. Claro que as discussões econômicas podem ir longe acerca dos impactos do ótimo de Pareto: um dos mais interessantes que você poderia investigar é se a eficiência de Pareto é a melhor opção em termos de equidade.

EXEMPLIFICANDO

Vamos continuar investigando a situação enfrentada pelas empresas Movelzão e Movelzinho. Até o momento, descobrimos que o equilíbrio de Nash implica a solução {abrir, investir}, garantindo um lucro de 3 para cada empresa, enquanto o ótimo de Pareto implica a solução {investir, abrir}, garantindo um lucro de 5 para cada um dos envolvidos. Note que o jogo vai convergir para o equilíbrio de Nash caso estejamos tratando de um jogo não cooperativo. Além disso, se os jogadores entrassem num acordo, poderiam fazer o jogo convergir para o ótimo de Pareto, garantindo resultados melhores para ambos, sob o risco de serem prejudicados numa eventual traição. Afinal, estando o jogo em {investir, abrir}, o que garante que a empresa Movelzão não mude sua estratégia de {investir} para {crescer}? Até porque, nesse caso, ela sairá de um lucro de 5 para um lucro maior, de 8, além de zerar os lucros de sua concorrente, que, atualmente, também é de 5.

Então, ambas as empresas entram num combinado investindo numa estratégia-gatilho: se seu concorrente trair o esquema, ambas deixarão de firmar acordo e passarão a jogar o jogo em sua forma não cooperativa, isto é, convergirão o jogo para o equilíbrio de Nash.

Matematicamente, escrevemos que essa estratégia-gatilho será tal que, na T-ésima rodada do jogo, o jogador i jogará {cooperar} sempre que, em todo estágio anterior, isto é, todo $t = 1, 2, \ldots, T - 1$ do jogo, o jogador j tiver jogado {cooperar}. Se, em alguma rodada entre $t = 1, 2, \ldots, T - 1$ do jogo, o jogador *j* decidir não cooperar, isto é, {trair}, então o jogador *i* decidirá jogar {trair} indefinidamente.

Bem, vamos analisar com cuidado como a taxa de desconto nos ajuda a induzir uma versão cooperada desse jogo. Se a empresa Movelzão decidir trair a Movelzinho na rodada *T*, ela passará a lucrar 8, em vez de 5, como vimos anteriormente. Entretanto, o preço da traição é que, a partir da rodada T = 1, a empresa Movelzinho também realiza uma modificação em seu jogo para atingir o equilíbrio de Nash, fazendo com que ambas as empresas passem a lucrar apenas 3. Então, em certa rodada, a Movelzão receberá 8 para, na sequência, passar a receber apenas 3.

Para problematizar essa situação, pense na taxa de desconto: O que é melhor, em virtude, por exemplo, da inflação, receber 3 hoje ou receber 5 alguns meses depois? A taxa de desconto faz um papel de desvalorização ao longo do tempo de recebíveis, de forma que, se o valor de 5 demorar muito para chegar, terá seu valor presente menor do que 5 e, talvez, menor do que 3. Ensinamentos da matemática financeira nos mostram que o ganho esperado de {cooperar} de ambos os jogadores é:

$$\frac{5}{1 - \delta_i}, i = 1, 2$$

Aqui, i = 1,2 indica cada um dos jogadores, visto que representa o valor de uma série de recebíveis de 5 descontada – em matemática financeira, um valor descontado corresponde a um valor futuro atualizado para seu valor presente. Em compensação, o ganho esperado de cada um dos jogadores quando optar por {trair} será diferente. No caso da Movelzão, seu ganho será:

$$\frac{8 - 5\delta_1}{1 - \delta_1}$$

Isso porque ela receberá 8, mas deixará de ganhar 5 em todas as outras infinitas rodadas. No caso de a Movelzinho jogar {trair}, seu ganho esperado será:

$$\frac{6 - 5\delta_2}{1 - \delta_2}$$

Isso acontece porque ela receberá 6, mas deixará de ganhar 5 em todas as rodadas seguintes. Então, vejamos a decisão que a empresa Movelzão deve assumir:

$$\frac{5}{1 - \delta_1} \geq \frac{8 - 5\delta_1}{1 - \delta_1} \Rightarrow \delta_1 \geq \frac{3}{5}$$

Observe que só é interessante manter a jogada {cooperar} quando a taxa de desconto é superior (ou pelo menos igual) a $\frac{3}{5}$. Antes de interpretar esse resultado, vejamos a decisão que a empresa Movelzinho deve assumir:

$$\frac{5}{1 - \delta_2} \geq \frac{6 - 3\delta_2}{1 - \delta_2} \Rightarrow \delta_2 \geq \frac{1}{5}$$

Para ela, só é interessante manter a jogada {cooperar} quando a taxa de desconto é superior (ou pelo menos igual) a $\frac{1}{5}$. Aqui, concluímos que a cooperação só será incentivada quando:

$$\delta_1 = \delta_2 \geq \frac{3}{5}$$

Isso porque:

$$\frac{1}{5} \leq \delta_2 < \frac{3}{5}$$

Embora a empresa Movelzinho não tenha vantagem em {trair}, a Movelzão terá, e o cenário existente não terá induzido a cooperação. Mas o que significa uma taxa de desconto de $\frac{3}{5}$? Como vimos:

$$\delta = \frac{1}{1+r}$$

Assim:

$$1 + r = \frac{1}{\delta}$$

$$1 + r = \frac{5}{3}$$

$$r = \frac{5}{3} - 1 = \frac{2}{3}$$

As empresas precisam garantir que a taxa de juros tenha o valor de, no máximo, $\frac{2}{3}$, ou seja, 66,66% a cada rodada. Acima desse valor, é vantajoso para ambas as empresas trair o esquema e adiantar os recebíveis de uma única rodada lucrativa. Isso porque:

$$\delta \geq \frac{3}{5} \Rightarrow r \leq \frac{2}{3}$$

Para saber mais

RAMOS, S. H. P. de S. **Entrando em um novo mercado**: estudo do caso Gol utilizando-se opções reais e teoria dos jogos. 96 f. Dissertação (Mestre em Finanças e Economia Empresarial) – Fundação Getulio Vargas, São Paulo, 2006. Disponível em: https://bibliotecadigital. fgv.br/dspace;/bitstream/handle/10438/2044/ sergioramosturma2004.pdf?sequence=2&isAllowed=y. Acesso em: 10 jan. 2023.

Entre os tópicos tratados nas escolas de economia, encontramos o abordado na dissertação referenciada, que apresenta um estudo de caso real: o que ocorreu com a companhia aérea Gol quando ela decidiu ingressar ou não num novo mercado. Nesse trabalho, o autor buscou um esquema para avaliar os investimentos para entrar num novo mercado por meio das ferramentas da teoria dos jogos. Sérgio Henrique Ramos mostrou o passo a passo da resolução do problema, demonstrando como tratar os jogos estratégicos na forma de duopólio, como determinar o preço de equilíbrio do mercado, como definir o lucro esperado dos jogadores, como escrever o valor do investimento e, principalmente, como escrever a árvore de decisões que representará o valor final do processo de avaliação. O autor também analisou qual era a decisão de estratégia dominante que a Gol precisaria assumir: comprar uma empresa de um concorrente já estabelecido ou construir o novo negócio desde o começo.

SÍNTESE

Neste capítulo, abordamos o poder da cooperação em jogos repetidos, buscando esclarecer também como incentivar cooperação nesse tipo de jogo.

Na seção "**Poder da cooperação em jogos repetidos**", vimos que:

- todo jogo repetido tem uma história;
- cabe investigar se existe incentivo para a colaboração nesse tipo de caso;
- um caso interessante é o que envolve montadoras *versus* fornecedoras.

Na seção "**Cartéis**", verificamos que:

- jogos repetidos podem mudar a situação e o comportamento dos jogadores;
- se os jogos se repetem de forma finita, não percebemos que existe incentivo natural à colaboração.

Na seção "**Cooperação em jogos repetidos finitos**", observamos que:

- cada um dos jogos repetidos é uma representação sequencial do jogo anterior;

- existe um equilíbrio de Nash nos subjogos repetidos;
- não há incentivo para que os jogadores colaborem entre si no equilíbrio de Nash;
- o incentivo pode surgir se tratarmos jogos infinitamente repetidos;
- o incentivo pode surgir se houver uma coerção externa.

Na seção **"Jogos infinitamente repetidos"**, destacamos que:

- esses jogos são aqueles nos quais não vemos seu término;
- a colaboração é incentivada a depender da taxa de juros, no cenário econômico;
- outra forma de incentivar a colaboração é utilizar mecanismos de coerção externos;
- existe uma estratégia-gatilho que, quando acionada, faz com que a colaboração deixe de existir.

Na seção **"Ótimo de Pareto"**, vimos que:

- o equilíbrio de Nash nem sempre representa a melhor alocação de recursos;
- o ótimo de Pareto acontece quando identificamos um estado de eficiência máxima do sistema.

Como síntese deste capítulo, apresentamos os mapas mentais a seguir, que podem ajudá-lo a relembrar os tópicos discutidos. Também fica o convite para que você desenvolva seus próprios mapas mentais para fixar os conteúdos estudados.

Figura 6.6 – Mapa mental representando os conhecimentos aprendidos na seção "Poder da cooperação em jogos repetidos"

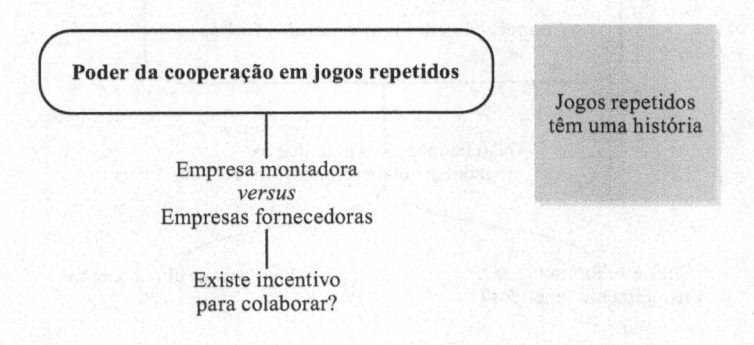

Figura 6.7 – Mapa mental representando os conhecimentos aprendidos na seção "Cartéis"

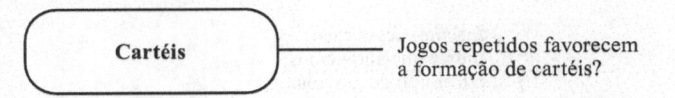

Figura 6.8 – Mapa mental representando os conhecimentos aprendidos na seção "Cooperação em jogos repetidos finitos"

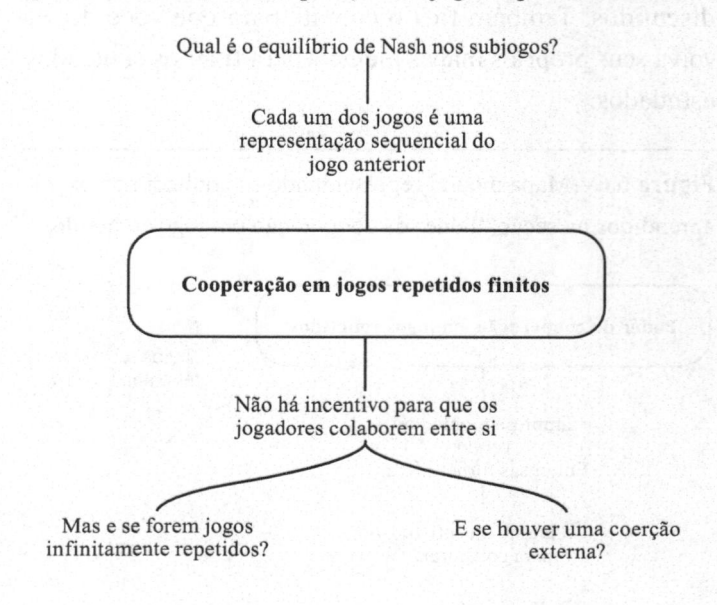

Figura 6.9 – Mapa mental representando os conhecimentos aprendidos na seção "Jogos infinitamente repetidos"

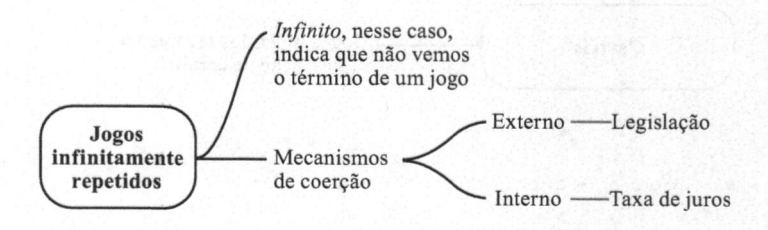

Figura 6.10 – Mapa mental representando os conhecimentos aprendidos na seção "Ótimo de Pareto"

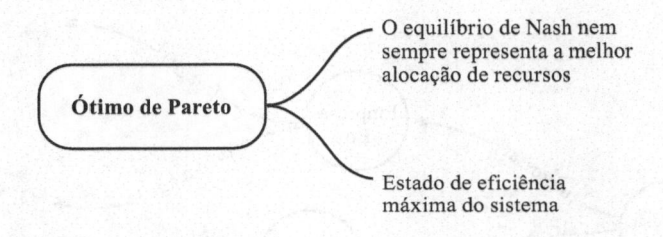

QUESTÕES PARA REVISÃO

1) Considere o exposto a seguir como a base de um jogo que será repetido três vezes.

Empresa *A*	Empresa *B*	
	Pesquisar em conjunto	Pesquisar individualmente
Pesquisar em conjunto	(4, 4)	(1, 5)
Pesquisar individualmente	(5, 1)	(3, 3)

Indique qual é o equilíbrio de Nash desse cenário após a terceira jogada. Os jogadores têm incentivo para agir de forma colaborativa, isto é, {pesquisar em conjunto, pesquisar em conjunto}?

2) Considere o exposto a seguir como a base de um jogo que será repetido três vezes.

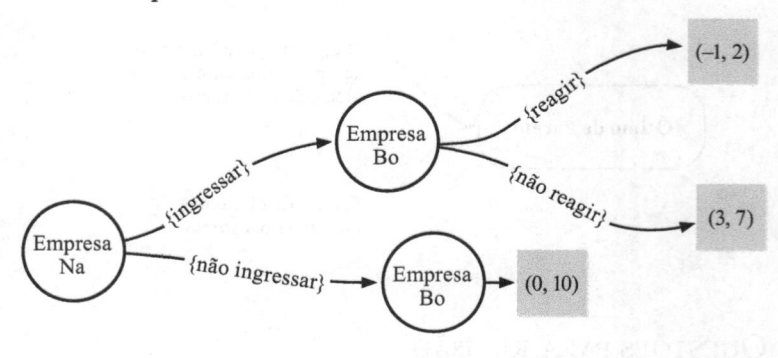

Construa a árvore de decisões completa, conectando os três jogos, e encontre o equilíbrio de Nash de cada subjogo.

3) Considere a matriz de *pay-offs* do jogo "A batalha dos sexos", que será jogado infinitamente em todos os fins de semana da vida de um casal.

Homem	Mulher	
	Rock	Forró
Rock	(2, 4)	(1, 1)
Forró	(1, 1)	(4, 2)

Com base nos conteúdos aprendidos neste capítulo, assinale a alternativa que apresenta o equilíbrio de Nash de cada fim de semana:

a. {rock, forró}, {forró, rock}.
b. {rock, rock}, {forró, forró}.
c. {forró, forró}.

4) Considere o jogo da guerra nuclear, cuja matriz de *pay-offs* é dada a seguir.

Ucrânia	Rússia	
	Ameaçar (q)	Não ameaçar (1 – q)
Ameaçar (p)	(–1000, –1000)	(100, –100)
Não ameaçar (1 – p)	(–100, 100)	(0, 0)

Com base nos conteúdos aprendidos neste capítulo, assinale a alternativa que apresenta o equilíbrio de Nash considerando um número finito de jogadas:

a. {ameaçar, ameaçar}.

b. {ameaçar, não ameaçar}.

c. {não ameaçar, não ameaçar}.

5) Considere o jogo do apadrinhamento, cuja matriz de *pay-offs* é dada a seguir.

Candidato da oposição	Candidato da situação	
	Com cabo eleitoral	Sem cabo eleitoral
Com cabo eleitoral	50%	60%
Sem cabo eleitoral	20%	40%

Com base nos conteúdos aprendidos neste capítulo, assinale a alternativa que apresenta o equilíbrio de Nash considerando infinitas eleições:

a. {com cabo eleitoral, com cabo eleitoral}.

b. {sem cabo eleitoral, sem cabo eleitoral}.

c. {com cabo eleitoral, sem cabo eleitoral}.

{sem cabo eleitoral, com cabo eleitoral}.

Considerações finais

Você chegou ao término deste livro, mas os temas que podem ser trabalhados com a teoria dos jogos não se restringem aos que abordamos. Afinal, um de nossos objetivos foi apresentar os principais fundamentos dessa teoria para que você perceba como tudo é muito recente. Assim, há muita pesquisa a ser realizada nessa área, e suas aplicações em problemas reais são ilimitadas.

Claro que tivemos de reduzir o tratamento matemático de certos problemas, porém, se você tem interesse em adentrar profissionalmente nesse campo de estudo, é importante que faça a leitura de livros direcionados especificamente a esse propósito, como a obra de Fiani (2015). Nesse caso, o estudo que apresentamos facilitará a leitura dos próximos materiais, pois vimos os principais conceitos da área, como a sequencialidade e a ocorrência de dois eventos que podem ser entendidos como sequenciais, a simultaneidade e o fato de isso nem sempre ter relação com a temporalidade dos eventos, a racionalidade e as tantas hipóteses suscitadas na teoria dos jogos ou ainda a definição de jogos, subjogos e tantos outros elementos. Esses assuntos aparecem nos demais livros que você lerá acerca da teoria dos jogos, mas o domínio que você adquiriu com a leitura deste livro o tornará mais capaz de trilhar os estudos nessa área.

De qualquer forma, sinta-se à vontade para entrar em contato conosco via *e-mail*, caso queira investigar novas aplicações na área da teoria dos jogos ou tenha algumas dúvidas sobre esse campo de estudo. Assim como você, temos interesse em saber quais são os limites da teoria dos jogos e até que ponto podemos explicar fenômenos sociais e econômicos à luz dessa teoria. Por isso, não deixe de nos contatar para compartilhar as pesquisas que fizer nessa área.

GLOSSÁRIO

Bens complementares: são aqueles cuja compra impulsiona a compra de outro, dada a escolha dos consumidores. Nesse caso, ao adquirirem um bem complementar, os compradores também adquirem o outro, aumentando a compra do bem original. Os exemplos mais comuns são: impressora e cartucho de tinta; café e açúcar; *software* e *hardware*; eletricidade e lâmpada; e cigarro e isqueiro.

Bens substitutos: são aqueles que concorrem diretamente na escolha dos consumidores. Nesse caso, ao adquirirem um bem substituto, os compradores realizam a troca, diminuindo a compra do bem original. Os exemplos mais comuns são: carne de frango *versus* carne de frango; Uber *versus* táxi; gasolina *versus* álcool; e margarina e *versus* manteiga.

Cartel: ocorre quando duas ou mais empresas fazem um acordo ilegal, explícito ou implícito, geralmente para fixar preços ou cotas de produção com vistas a aumentar o aproveitamento do mercado. A atividade é considerada um crime econômico, uma vez que prejudica os consumidores e evita o desenvolvimento adequado da economia.

Cooperação: ocorre quando jogadores se unem para atingir um objetivo melhor, sem interesse de penalizar seus aliados. Na teoria dos jogos, investigamos como a cooperação deve surgir naturalmente em certos jogos e quais os casos em que é necessário um incentivo. Jogos não cooperativos são aqueles em que os jogadores competem entre si, tomando suas decisões de forma individual.

Dumping: trata-se de uma prática comercial em que as empresas decidem comercializar seus produtos a um preço abaixo de seu custo de produção, infligindo-se prejuízo. O objetivo dessa prática é criar um mercado agressivo que força a saída de concorrentes.

Duopólio: é uma situação similar ao oligopólio, entretanto envolve apenas duas empresas.

Eficiência: conceito econômico que diz respeito à condição na qual atingimos o melhor rendimento com o mínimo de gastos.

Equilíbrio de Nash: é o resultado do modelo formal de um jogo que aponta uma situação na qual dois ou mais jogadores não têm incentivo para mudar o curso de sua ação ao longo do jogo.

Estratégia: consiste em qualquer uma das opções que um jogador pode escolher, considerando-se que o espaço de decisões depende não só de suas jogadas mas também da ação de todos os demais jogadores.

Estratégia dominante: é aquela que é ótima, independentemente das estratégias adotadas pelos demais jogadores. Nos jogos que apresentam estratégias dominantes, os agentes racionais sempre as escolherão em detrimento das demais.

Estratégia-gatilho: é aquela em que um jogador buscará alterar completamente seu comportamento dada a ativação de uma condição, geralmente uma jogada distinta de seus oponentes.

Estratégia mista: surge quando existe uma probabilidade de ocorrência de cada jogada, considerando-se as possíveis jogadas de cada jogador.

Estratégia ótima: é aquela que maximiza o *pay-off* que o jogador espera receber.

Estratégia pura: representa todos os caminhos ou decisões que um jogador poderá fazer, considerando-se todas as outras possiblidades e combinações de jogada dos demais jogadores.

Forma normal: também conhecida como *jogo normal* ou *estratégia normal*, é a matriz de *pay-offs* que indica quais são os jogadores, suas estratégias e as recompensas esperadas de cada combinação de suas ações.

Forma sequencial: é a representação via árvore de decisões para os jogos sequenciais.

Incentivo: termo econômico que representa um estímulo para que o agente racional (pessoa, jogador, empresa ou setor) tome determinadas decisões.

Interação estratégica: é o tipo de interação que é analisada na teoria dos jogos. Ela surge quando os agentes racionais sabem que suas ações têm impacto sobre as dos demais jogadores e que as ações dos demais têm impacto sobre as suas.

Jogadores: são aqueles que assumem determinadas estratégias e fazem suas escolhas (entendidas como ações ou jogadas). Podem ser definidos como agentes econômicos, como o caso de empresários, consumidores, governos e empresas.

Jogo: é a situação em que os jogadores tomarão decisões estratégicas para atingir a estratégia ótima. Deve-se ter cautela com as conceituações primitivas que envolvem apenas o sentido comum desse termo, como no caso dos jogos de tabuleiro, das brincadeiras ou de outras atividades afins.

Jogo da determinação simultânea de quantidades: também conhecido como *modelo de Cournot*, envolve duas ou mais empresas que disputam num mercado a quantidade de bens que devem ser produzidos/comercializados. O jogo permite discutir se a formação de cartel, criando sua versão cooperativa, é um equilíbrio de Nash.

Jogo da determinação simultânea de preços: também conhecido como *modelo de Bertrand*, envolve duas ou mais empresas que disputam num mercado o preço de seus produtos produzidos/comercializados. Geralmente, essa situação surge quando as empresas produzem bens o mais homogêneos quanto possível.

Jogo da localização: envolve duas ou mais empresas que precisam decidir o local de abertura de suas lojas/franquias/filiais. A busca pelo equilíbrio de Nash do jogo permite esclarecer o que ocorre quando o fator distância é o mais relevante a ser investigado no problema. O jogo explica alguns fenômenos econômicos que surgem no cotidiano.

Jogo da prevenção de entrada: conhecido também somente como *jogo da entrada*, é uma situação que surge quando uma empresa precisa decidir entre duas ou mais ações que poderão levá-la a blindar certo mercado contra a entrada de novos concorrentes.

Jogo empresarial: surge em situações de conflito entre duas ou mais empresas que precisam decidir entre determinar o preço de venda e determinar o preço de compra de seus produtos, decidir entre a abertura de franquias e a expansão do negócio ou, entre outros casos, escolher níveis de investimento em tecnologia e em sua produção.

Jogo político: surge em situações que envolvem compra de votos, eleições, emendas parlamentares ou outras decisões que dizem respeito a atividades de poder.

Jogo de soma zero: é aquele em que existe uma associação direta entre o ganho e a perda de dois jogadores. Nesse tipo de disputa, o ganho de um jogador é, precisamente, a perda de outro.

Maximizar: significa encontrar o resultado que leva ao mais alto valor possível. Matematicamente, encontramos um ponto de máximo, x_{max}, quando $f(x_{max})$ é o maior valor possível entre os demais. Encontramos um ponto de máximo local quando $f'(x_{max}) = 0$ e $f''(x_{max}) < 0$, isto é, quando atende aos testes da derivada primeira e da derivada segunda para o objetivo de maximização.

Minimizar: significa encontrar o resultado que leva ao mais baixo valor possível. Matematicamente, encontramos um ponto de mínimo, x_{min}, quando $f(x_{min})$ é o menor valor possível entre os demais. Encontramos um ponto de mínimo local quando $f'(x_{min}) = 0$ e $f''(x_{min}) < 0$, isto é, quando atende aos testes da derivada primeira e da derivada segunda para o objetivo de minimização.

Modelo de Bertrand: ver *jogo da determinação simultânea de preços*.

Modelo de Cournot: ver *jogo da determinação simultânea de quantidades*.

Modelo formal: é a descrição do jogo, na qual são identificados os jogadores, seus objetivos, sua forma de interação, suas regras e o modo como é realizada a análise desse jogo.

O dilema dos prisioneiros: trata-se de um dos jogos mais emblemáticos modelados no âmbito da teoria dos jogos. Isso porque dele derivam vários jogos de áreas totalmente distintas, mas que apresentam comportamento similar. O modelo básico envolve a decisão que dois prisioneiros precisam tomar para otimizar o resultado de ambos, sem envolver o diálogo entre eles. O modelo é essencial para compreender a diferença entre jogos cooperativos e não cooperativos.

Oligopólio: surge em certos ramos econômicos quando algumas empresas detêm o controle da maior parcela do mercado.

Otimizar: é o processo matemático em que se busca o melhor valor de uma grandeza, podendo ser um problema de maximização, minimização ou outro. Os processos simples de otimização envolvem o uso dos testes da derivada primeira e da derivada segunda.

Ótimo de Pareto: consiste no estado do jogo em que os resultados são os melhores possíveis, alocados, então, da forma mais eficiente que houver. Nesse caso, mudar o curso do jogo sempre levará a um resultado pior do ponto de vista da eficiência. O ótimo de Pareto não implica, necessariamente, o equilíbrio de Nash.

Pay-offs: indicam os valores das escolhas e definem o resultado que um jogador terá a cada ação tomada durante o jogo. Sua representação pode ocorrer na forma normal, por meio de uma função, ou na forma matricial, por meio de uma tabela, além de outras.

Racionalidade: característica dos agentes racionais: jogadores que buscam os melhores resultados para si e para o grupo. Para tomarem suas decisões com vistas a essa finalidade, eles visualizam e estudam todas as alternativas possíveis e escolhem, entre todas, a melhor, aquela que atende a seu objetivo.

Sequencialidade: característica dos jogos sequenciais. Na teoria, representa os jogos em que cada jogador faz seu movimento após a ação de seu oponente, similarmente à ocorrência de turnos. Na prática, corresponde aos jogos em que os jogadores tomam suas decisões conhecendo as jogadas prévias de seu oponente. A relação entre a proposta teórica e a realidade prática foi discutida na seção sobre a sequencialidade (Capítulo 2).

Simultaneidade: característica dos jogos simultâneos. Na teoria, representa os jogos em que os jogadores tomam suas decisões ao mesmo tempo. Na prática, corresponde aos jogos em que os jogadores tomam suas decisões sem conhecer as jogadas prévias de seu oponente. A relação entre a proposta teórica e a realidade prática foi discutida na seção sobre a simultaneidade (Capítulo 2).

REFERÊNCIAS

ABBADE, E. B. Aplicação da teoria dos jogos na análise de alianças estratégicas. **Gestão da Produção, Operações e Sistemas**, Bauru, ano 5, n. 3, p. 131-147, jul./set. 2010.

ABREU, L. R. de et al. Utilização da teoria dos jogos para a determinação do preço de venda em serviços: um estudo de caso em um salão de beleza localizado em Fortaleza/CE. In: SIMPÓSIO DE ENGENHARIA DE PRODUÇÃO, 26., 2019, Bauru. **Anais**... Bauru, 2019. p. 1-14. Disponível em: <https://repositorio.ufc.br/bitstream/riufc/59866/1/2019_eve_lrabreu.pdf>. Acesso em: 10 jan. 2023.

A BRUTAL aniquilação do comboio japonês na Batalha do Mar de Bismarck. 1 vídeo. 6 min. Disponível em: <https://youtu.be/f7XaBuYbgYk>. Acesso em: 10 jan. 2023.

ALENCAR, A. G. et al. Um olhar da teoria dos jogos sobre a fusão da Sadia com a Perdigão. In: ENCONTRO DA ANPAD, 34., 2010, Rio de Janeiro. **Anais**... Rio de Janeiro: Anpad, 2019. p. 1-17. Disponível em: <https://docplayer.com.br/6404788-Um-olhar-da-teoria-dos-jogos-sobre-a-fusao-da-sadia-com-a-perdigao.html>. Acesso em: 10 jan. 2023.

BACELAR, F. Máximos e mínimos (cálculo). **Flávio Bacelar: Matemática e Meio Ambiente**, 12 dez. 2017. Disponível em: <https://profmbacelar.blogspot.com/2017/12/maximos-e-minimos-calculo.html>. Acesso em: 16 jan. 2023.

BARBOSA, L. G. Teoria dos jogos e fechamento de empresas. **Revista de Informação Legislativa**, Brasília, v. 50, n. 197, p. 317-329, jan./mar. 2013.

BERNI, D. A. **Teoria dos jogos**: jogos de estratégia, estratégia decisória, teoria da decisão. Rio de Janeiro: Reichmann & Affonso Editores, 2004.

BOYER, C. B. **História da matemática**. 2. ed. Tradução de Elza E. Gomide. São Paulo: Edgard Blucher, 1996.

BRUNO, M. A. C.; VASCONCELLOS, E. Eficácia da aliança tecnológica: estudos de caso no setor químico. **Revista de Administração de Empresas**, São Paulo, v. 31, n. 2, p. 73-84, 1996.

CÂMARA, S. F. **Teoria dos jogos**. Florianópolis: Ed. da UFSC, 2011.

CARRARO, A. **O investimento em P&D e o uso das patentes**: uma abordagem por meio da teoria dos jogos. 123 f. Dissertação (Mestrado em Ciências Econômicas) – Universidade Federal do Rio Grande do Sul, Porto Alegre, 1997.

CHIANG, A. C. **Matemática para economistas**. São Paulo: Makron Books, 2008.

COALA, F. Mentirinhas #1055. **Mentirinhas**, 19 out. 2016. Disponível em: <https://mentirinhas.com.br/mentirinhas-1055/>. Acesso em: 26 dez. 2022.

DAVIS, M. D. **Game Theory**: a Nontechnical Introduction. Mineola: Dover Publications, 1983.

DIXT, A. K.; NALEBUFF, B. J. **Pensando estrategicamente**: a vantagem competitiva nos negócios, na política e no dia a dia. São Paulo: Atlas, 1994.

FERGUSON, C. E. **Microeconomia**. 18. ed. Rio de Janeiro: Forense Universitária, 1994.

FIANI, R. **Teoria dos jogos**: com aplicações em economia, administração e ciências sociais. Rio de Janeiro: Campus, 2015.

FRANCEZ, D. J. **Uma introdução à teoria dos jogos**. Dissertação (Mestrado Profissional em Matemática) – Universidade Federal de Santa Catarina, Florianópolis, 2017.

FUNDEMBERG. D.; TIROLE, J. **Game Theory**. Massachusetts: MIT Press, 1991.

GHEMAWAT, P. **A estratégia e o cenário dos negócios**: textos e casos. Tradução de Nivaldo Montogelli Jr. Porto Alegre: Bookman, 2000.

GIBBONS, R. **Game Theory for Applied Economists**. Princeton: Princeton University Press, 1992.

GOMES, O. **Teoria dos jogos**: algumas noções elementares. Lisboa: Iscal, 2013.

GUSSEN, C. M. G. **Teoria dos jogos aplicada a problemas de comunicações móveis**. 114 f. Dissertação (Mestrado em Engenharia Elétrica) – Universidade Federal do Rio de Janeiro, Rio de Janeiro, 2012.

HARBISON, J. R.; PEKAR JR., P. **Alianças estratégicas**: quando a parceria é a alma do negócio e o caminho para o sucesso. São Paulo: Futura, 1999.

HARSANYI, J. C. **Rational Behavior and Bargaining Equilibrium in Games and Social Situations**. New York: Cambridge University Press, 1977.

HEIN, N. et al. Utilização da estratégia pura da teoria dos jogos para determinação do preço de venda. **Revista Eletrônica de Estratégia & Negócios**, Florianópolis, v. 8, n. 3, p. 187-214, set./dez. 2015. Disponível em: <https://portaldeperiodicos.animaeducacao.com.br/index.php/EeN/article/view/2957>. Acesso em: 10 jan. 2023.

HEIN, N.; OLIVEIRA, R. C.; LUNARDELLI, P. A. Sobre o uso da teoria dos jogos na tomada de decisões estratégicas. In: ENCONTRO NACIONAL DE ENGENHARIA DE PRODUÇÃO, 23., 2003, Ouro Preto. **Anais**... Ouro Preto: Enegep, 2003.

IEZZI, G.; MURAKAMI, C.; MACHADO, N. J. **Fundamentos de matemática elementar**. São Paulo: Atual, 1999. v. 8: Limites, derivadas, noções de integral.

LESSA, C. A. Racionalidade estratégica e instituições. **Revista Brasileira de Ciências Sociais**, São Paulo, v. 13, n. 37, jun. 1998.

LORANGE, P.; ROOS, J. **Alianças estratégicas**: formação, implementação e evolução. São Paulo: Atlas, 1996.

LORENA, J. F. V. **Teoria dos jogos**: estudo de caso no mercado brasileiro de adquirência. 55 f. Dissertação (Mestrado em Administração) – Insper Instituto de Ensino e Pesquisa, São Paulo, 2019. Disponível em: <https://repositorio.insper.edu.br/bitstream/11224/2706/3/Jo%C3%A3o%20Felipe%20Vaz%20Lorena.pdf>. Acesso em: 10 jan. 2023.

MACARTHUR, D. **Reports of General MacArthur**. New York: St. John Press, 1994. v II: Part 2: Japanese Operations in the Southwest Pacific Area.

MARTINS, E. **Contabilidade de custos**. 10. ed. São Paulo: Atlas, 2010.

MCGUIAN, J. K. **Economia de empresas**: aplicações, estratégias e táticas. São Paulo: Thomson Learning, 2004.

MENEZES, L. C. **Análise marginal**: problemas de taxas relacionadas. Salvador: Universidade Federal da Bahia, [S.d.]. Disponível em: <http://www.mat.ufba.br/disciplinas/matematica1/apost-mar-04.doc>. Acesso em: 28 dez. 2022.

MILLER, J. **Game Theory at Work**. New York: McGrawHill, 2003.

MOCHÓN, F. **Princípios de economia**. Tradução de Thelam Guimarães. São Paulo: Person Prentice Hall, 2007.

NASH, J. F. The Bargain Problem. **Econometrica**, New York, v. 18, n. 2, p. 155-162, 1950.

NASH, J. F. Two-Person Cooperative Games. **Econometrica**, New York, v. 21, n. 1, p. 126-140, 1953.

OS ANIMAIS também são seres humanos. Direção: Jamie Uys. África do Sul: Warner Bros. Pictures, 1974. 92 min.

OSBORNE, M. J. **An Introdution to Game Theory**. Toronto: Oxford University Press, 2000.

PEREIRA, S. B. **Introdução à teoria dos jogos e a matemática no ensino médio**. 68 f. Dissertação (Mestrado em Matemática) – Pontifícia Universidade Católica do Rio de Janeiro, Rio de Janeiro, 2014. Disponível em: <https://www.maxwell.vrac.puc-rio.br/24177/24177.PDF>. Acesso em: 10 jan. 2023.

PINDYCK, R. S.; RUBINFELD, D. L. **Microeconomia**. 4. ed. São Paulo: Makron Books, 1999.

PORTER, M. **Vantagem competitiva**: criando e sustentando um desempenho superior. Rio de Janeiro: Campus, 1989.

POUNDSTONE, W. **Prisoner's Dilemma**. Nova York: Anchor Books Ed., 1993.

RAMOS, S. H. P. de S. **Entrando em um novo mercado**: estudo do caso Gol utilizando-se opções reais e teoria dos jogos. 96 f. Dissertação (Mestre em Finanças e Economia Empresarial) – Fundação Getulio Vargas, São Paulo, 2006. Disponível em: <https://bibliotecadigital.fgv.br/dspace;/bitstream/handle/10438/2044/sergioramosturma2004.pdf?sequence=2&isAllowed=y>. Acesso em: 10 jan. 2023.

RAPOSO, A. Teoria dos jogos: um instrumento para a tomada de decisão em relações públicas. **Revista Comunicação Pública**, Lisboa, n. especial 01E, p. 161-183, 2011.

SANTOS, C. S. **Introdução à teoria dos jogos para o ensino médio**. Dissertação (Mestrado Profissional em Matemática) – Centro de Ciências Exatas e Tecnológicas, Departamento de Matemática da Universidade Federal de Sergipe, Aracaju, 2016. Disponível em: <https://ri.ufs.br/bitstream/riufs/8805/2/CLEVERTON_SOUZA_SANTOS.pdf>. Acesso em: 28 dez. 2022.

SANTOS, L. R. dos; CARMO, M. J.; CIRINO, I. I. Projeto otimizado de um controlador PI utilizando teoria dos jogos: um estudo de caso para uma planta didática de temperatura. In: CONGRESSO BRASILEIRO DE EDUCAÇÃO EM ENGENHARIA, 48.; SIMPÓSIO INTERNACIONAL DE EDUCAÇÃO EM ENGENHARIA DA ABENGE, 3., 2020, Caxias do Sul. **Anais**... Caxias do Sul: UCS, 2020. Disponível em: <http://www.abenge.org.br/sis_submetidos. php?acao=abrir&evento=COBENGE20&codigo=COBE NGE20_00140_00003324.pdf>. Acesso em: 10 jan. 2023.

SARDINHA, J.; ARAÚJO, E.; MELLO, J. C. B. S. de. Racionalidade e não racionalidade na teoria dos jogos: um estudo de caso de fundos de investimento. **Engevista**, Rio de Janeiro, v. 20, n. 2, p. 360-373, 2018. Disponível em: <https://periodicos.uff.br/engevista/article/view/9204>. Acesso em: 10 jan. 2023.

SEN, A. Comportamentos econômicos e sentimentos morais. **Lua Nova**, São Paulo, n. 25, abr. 1992. Disponível em: <https://www.scielo.br/j/ln/a/S3kN9K8c5HWc3fSjGgWvS KQ/?format=pdf&lang=pt>. Acesso em: 10 jan. 2023.

SILVA JR., A. B. da; LAGES, A. M. G.; SILVA, V. F. A. Razão e emoção: o comportamento humano na tomada de decisão em um ambiente econômico incerto. **Nexos Econômicos**, Salvador, n. 13, v. 1, p. 8-29, jan./jun. 2019. Disponível em: <https://doi.org/10.9771/rene.v13i1.33708>. Acesso em: 10 jan. 2023.

TAVARES, J. M. **Teoria dos jogos**: aplicada à estratégia empresarial. Rio de Janeiro: LTC, 2008.

UMA MENTE brilhante. Direção: Ron Howard. Estados Unidos: Dreamworks, 2001. 135 min.

VARIAN, H. R. **Microeconomia**: princípios básicos – uma abordagem moderna. 3. ed. Rio de Janeiro: Campus, 1999.

VASCONCELLOS, M. A. S. **Economia**: micro e macro. 3. ed. São Paulo: Atlas, 2002.

VÍDEO da aula: pontos críticos e extremo local de uma função. **Nagwa**. Disponível em: <https://www.nagwa.com/pt/videos/246109280740/>. Acesso em: 29 dez. 2022.

VINCENTE, T. L.; BROWN, J. S. **Evolutionary Game Theory, Natural Selection and Darwinian Dynamics**. New York: Cambridge University Press, 2005.

VON NEUMANN, J.; MORGENSTERN, O. **Theory of Games and Economic Behavior**. 3. ed. Cambridge: Princeton University Press, 1953.

XAVIER, O. M. **A origem da teoria dos jogos e a existência de equilíbrio em Nash**. 57 f. Trabalho de Conclusão de Curso (Graduação em Ciências Econômicas) – Universidade Federal do Rio Grande do Sul, Porto Alegre, 2013.

YOSHINO, M. Y.; RANGAN, U. S. **Alianças estratégicas**: uma abordagem empresarial à globalização. São Paulo: Makron Books, 1996.

BIBLIOGRAFIA COMENTADA

FIANI, R. **Teoria dos jogos**: com aplicações em economia, administração e ciências sociais. Rio de Janeiro: Campus, 2015.

Ronaldo Fiani escreveu um dos principais livros sobre a teoria dos jogos, apontando aplicações claras na área da economia, da administração e das ciências sociais. Como você deve ter percebido, utilizamos várias citações do autor, visto que ele apresenta exemplos interessantes. Como o livro é um pouco mais avançado, especialmente no caráter matemático, torna-se uma leitura importante para você realizar agora que concluiu nosso estudo.

HEIN, N.; OLIVEIRA, R. C.; LUNARDELLI, P. A. Sobre o uso da teoria dos jogos na tomada de decisões estratégicas. In: ENCONTRO NACIONAL DE ENGENHARIA DE PRODUÇÃO, 23., 2003, Ouro Preto. **Anais**... Ouro Preto: Enegep, 2003.

Nelson Hein é um clássico matemático que atua na Universidade Regional de Blumenau (Furb). Embora ele tenha apresentado esse artigo em um congresso de engenharia de produção, é essencial que você conheça trabalhos específicos desse autor na área da teoria dos jogos e perceba a aplicação que ela tem em pesquisas atuais.

MILLER, J. **Game Theory at Work**. New York: McGrawHill, 2003.
Muitos dos materiais atuais acerca da teoria dos jogos são estrangeiros. Mesmo que esse livro seja de 2003, foi com base nele que os autores brasileiros realizaram seus estudos. Existe muita pesquisa internacional na área, de forma que é importante a leitura de um livro-base para compreender os principais termos dessa teoria.

TAVARES, J. M. **Teoria dos jogos**: aplicada à estratégia empresarial. Rio de Janeiro: LTC, 2008.
Nessa obra, Jean Max Tavares aplica a teoria dos jogos a estratégias empresariais. Vimos, ao longo de nosso estudo, a importância dessa teoria para a melhora desse segmento. Por isso, é recomendada a leitura desse livro, especialmente se você busca uma aplicação direta da teoria dos jogos nas tomadas de decisão.

XAVIER, O. M. **A origem da teoria dos jogos e a existência de equilíbrio em Nash**. 57 f. Trabalho de Conclusão de Curso (Graduação em Ciências Econômicas) – Universidade Federal do Rio Grande do Sul, Porto Alegre, 2013. Disponível em: <https://lume.ufrgs.br/bitstream/handle/10183/97708/000915447. pdf?sequence=1&isAllowed=y>. Acesso em: 10 jan. 2023.

O trabalho de Otávio Munaro de Xavier conta como surgiu a teoria dos jogos e como o conceito de equilíbrio de Nash foi delineado. É importante perceber que muito do material especializado nessa área é fruto de monografias, dissertações e teses, ou seja, ela está sendo analisada atualmente e rendendo pesquisas aplicadas interessantíssimas. Essa é uma delas, mas existem várias outras indicadas na seção "Referências".

Apêndice

Como vimos, ao longo da história da teoria dos jogos, importantes estudiosos colaboraram para o desenvolvimento dessa área. A seguir, apresentamos uma breve biografia de cada um desses personagens (Pereira, 2014).

John von Neumann

John Von Neumann nasceu em 28 de dezembro de 1903, em Budapeste. O matemático foi prodígio desde muito cedo: com apenas 3 anos, já sabia de cor o número de telefone de várias pessoas. Filho de família rica, foi criado por governantas e, em 1925, formou-se em Engenharia Química para, no ano seguinte, concluir o doutorado em Matemática pela Universidade de Budapeste.

O início de sua carreira como professor se deu na Universidade de Berlim, e o orientador de seu pós-doutorado foi ninguém menos que David Hilbert. Entre 1920 e 1930, desenvolveu pesquisas nas áreas de mecânica quântica, teoria dos conjuntos, computação eletrônica e teoria dos jogos. Junto com Oskar Morgenstern, escreveu o famoso livro *Theory of Games and Economic Behavior*.

Mesmo com essa obra-prima, o autor é reconhecido, principalmente, por seus trabalhos para a empresa IBM, em que desenvolveu e construiu o computador eletrônico, descartando o uso de cartões perfurados para que as instruções fossem armazenadas na memória do computador, conforme ocorre hoje.

Neumann também teve participação no famoso Projeto Manhattan, o qual foi um dos principais responsáveis pelos cálculos sobre explosões da bomba atômica que resultaram nas tragédias ocorridas em Hiroshima e Nagasaki, durante a Segunda Guerra Mundial. Neumann faleceu em 1957, quando já estava adoecido por causa de um tumor no cérebro.

Oskar Morgenstern

Em 1902 nasceu, na Alemanha, o cientista político Oskar Morgenstern, que fez seu doutorado em 1925, na Universidade de Viena. Na época, preocupado com temas de economia, o cientista elaborou uma tese discutindo aspectos da produtividade marginal.

Morgenstern estudou temas relacionados aos ciclos econômicos e à crítica metodológica da economia, principalmente com foco em problemas, na teoria do equilíbrio geral e na relação entre tempo e previsão.

Como professor, ele atuou na Universidade de Princeton, nos Estados Unidos, promovendo intensas discussões sobre análises econômicas. No livro escrito junto com Neumann, Morgenstern defendeu como é impossível realizar previsões econômicas completas, dado que os mecanismos que moldam os eventos econômicos são extremamente complexos.

A carreira de professor foi até o ano de 1970, quando se aposentou. Morgenstern faleceu em 1977, em Princeton.

John Nash

John Nash nasceu em 1928, nos Estados Unidos. Filho de uma professora e de um engenheiro, o matemático introvertido sempre teve um interesse enorme pelos livros. Já aos 14 anos provou o teorema de Fermat sobre os números primos, evidenciando sua proeza e intelectualidade.

Começou a cursar Engenharia Química, mas logo mudou para o curso de Matemática e Economia Internacional para, em seguida, cursar o doutorado em Matemática. Mesmo sendo aceito em Harvard, uma das mais conceituadas universidades da época, o professor decidiu seguir carreira em Princeton, onde conheceu os demais professores da área. Seus interesses prévios foram relacionados à matemática pura, como topologia, geometria algébrica, lógica e teoria dos jogos.

O famoso conceito do equilíbrio de Nash foi divulgado em sua tese de doutorado, de 27 páginas, publicada com apenas 21 anos. Entre 1951 e 1959, Nash foi professor de Matemática no Massachusetts Institute of Technology (MIT). Infelizmente, por sofrer de esquizofrenia paranoica, o professor teve de abandonar sua carreira de professor no MIT.

Nash é considerado um dos principais gênios da matemática, que fizeram a área explodir entre os anos de 1940 e 1960. Em 1994, ele ganhou o Prêmio Nobel de Economia por suas contribuições para a área.

John Harsanyi

Nascido em 1920, na cidade de Budapeste, na Hungria, John Harsanyi foi um filósofo matemático com grandes estudos nas áreas de filosofia e matemática, iniciando o doutorado em Filosofia em 1948. Oito anos depois, passou a estudar na Universidade de Stanford, em razão de uma bolsa de estudos para realizar doutorado em Economia. Na ocasião, teve a oportunidade de estudar matemática e estatística.

Em 1958, começou a trabalhar na Universidade Nacional da Austrália, onde iniciou pesquisas na área da teoria dos jogos. Como não havia colaboradores no país para suas pesquisas, decidiu migrar de universidade, passando pela Universidade Estadual de Wayne, em Detroit. Em 1964, tornou-se professor da Universidade da Califórnia, em Berkeley.

Suas principais discussões acerca da teoria dos jogos estão relacionadas ao desenvolvimento de jogos de informação incompleta, especialmente o raciocínio econômico aplicado a questões de ordem filosófica, moral e política. Harsanyi ganhou, em 1994, o Prêmio Nobel de Economia, ao lado de John Nash, depois de publicar quatro livros na área.

Respostas

CAPÍTULO 1

Questões para revisão

1) Os jogadores que agem com racionalidade decidem suas jogadas com base em suas estratégias ótimas, realizando-as de forma a maximizar sua utilidade.

2) O objetivo da teoria dos jogos é modelar situações que envolvem interação humana e que contam com jogadores que agem com racionalidade.

3) c

4) b

5) c

CAPÍTULO 2

Questão para revisão

1) Um exemplo de jogo simultâneo pode ser o apresentado na questão sobre as empresas de automóveis. A matriz de *pay-offs* deve apresentar todas as jogadas possíveis.

2) Um exemplo de jogo sequencial pode ser o apresentado na questão sobre as indústrias farmacêuticas. A árvore de decisões deve apresentar todas as jogadas possíveis.

3) a

4) b

5) a

CAPÍTULO 3

Questões para revisão

1) O explorador que desmata a Floresta Amazônica tem duas opções, que mudam de acordo com a decisão dos demais exploradores: desmatar exageradamente ou não. Sabemos que a floresta é capaz de se reestruturar, desde que o desmatamento não seja exagerado. Quando abusa da atividade, o explorador não tem incentivo para manter o nível adequado da floresta. Se ele economizar árvores, mas seus concorrentes não o fizerem, não restarão árvores para ele nos próximos anos. Se o explorador economizar, assim como seus concorrentes, restarão árvores para todos nos próximos anos, mas o lucro será muito menor. Se o explorador decidir não economizar as árvores e seus concorrentes também o fizerem, todos lucrarão no presente, mas ninguém lucrará no futuro. Se o explorador decidir não economizar árvores, mas seus concorrentes decidirem fazê-lo, o explorador lucrará muito mais. Assim, verificamos que a estratégia dominante é desmatar exageradamente.

2) Nesse caso, os jogadores devem ser racionais e ter conhecimento de todas as possibilidades de cada participante.

3) b

4) b

5) c

CAPÍTULO 4

Questões para revisão

1) Fica a cargo do(a) leitor(a) desenhar o esquema solicitado.

2) Fica a cargo do(a) leitor(a) desenhar o esquema solicitado.

3) b

4) a

5) a

CAPÍTULO 5

Questões para revisão

1) Temos a seguinte árvore de decisões:

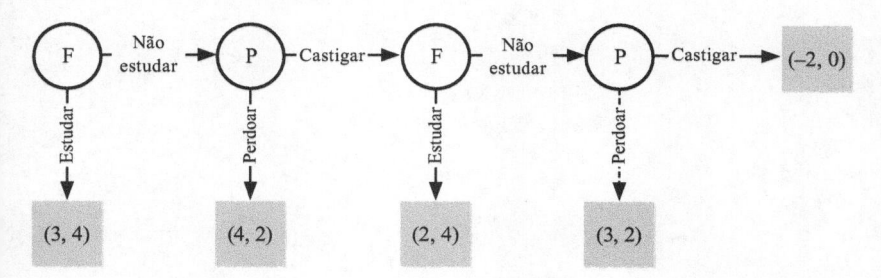

Como esse jogo é o equivalente ao jogo da centopeia, vamos concluir, ao utilizarmos o método da indução reversa, que nenhum dos dois jogadores tem incentivo para jogar esse jogo. Logo, o filho precisa decidir {estudar} para não dar opções ao pai de continuar o jogo entre {perdoar} e {castigar}.

2) Fica a cargo do(a) leitor(a) realizar o desenho solicitado.

3) a

4) c

5) b

CAPÍTULO 6

Questões para revisão

1) Estratégia {pesquisar individualmente, pesquisar individualmente}, dada a falta de incentivo para os jogadores saírem do equilíbrio de Nash.

2) Montagem a cargo do(a) leitor(a). É similar à árvore analisada no capítulo, mas com mais nós.

3) b

4) a

5) a

Sobre o autor

Guilherme Augusto Pianezzer é doutor em Métodos Numéricos (2017) pela Universidade Federal do Paraná (UFPR), especialista em Didática para o Ensino Superior (2013) pela Pontifícia Universidade Católica do Paraná (PUCPR) e graduado em Licenciatura em Matemática (2010) também pela PUCPR. Atuou com docência em Matemática, Física e Engenharia em várias instituições, entre elas a UFPR, a Universidade Tecnológica Federal do Paraná (UTFPR), o Centro Universitário Campos de Andrade (Uniandrade) e o Centro Universitário Internacional Uninter, onde segue a carreira docente. É autor de rotas de aprendizagem para disciplinas específicas de Matemática e palestrante na área de modelagem matemática.

O contato pessoal do professor é: guilherme.pianezzer@hotmail.com.

Siga-o nas redes sociais:
Instagram: @profguipianezzer
YouTube: Prof. Guilherme Pianezzer

Impressão:
Junho/2023